文化の転回

―暮しの中からの思索―

守田志郎

人間選書 249

新たな思想潮流をきりひらく

中岡哲郎

この本に収められた「登呂」を読んだとき、ちょっとしたショックをうけた。日本人、稲作民族、その文化の原点ともいうべき原始水田耕作の遺跡「登呂」、といった社会的にすでに成立した了解がある。私のように工業技術ばかり追いかけて、日ごろ農業の何たるかにほとんど関心を寄せていない人間の中にも、いつとはなしに根を下している常識である。その確固たる社会的常識に向って、著者はかすかな疑問を投げかける。

それにしても、遺跡はあまりに海に近すぎないか？　ほんの数十センチ掘り下げても地下水がしみ出てくるような低地になぜ好きこのんで古代人は居を定めたのだろう？　歴史的にみても、縄文時代人、弥生時代人は最初標高の高いところに居を定め、時代のくだるにつれて、そこから少しずつ低いところへ用心ぶかく下りていっている。そのような常道からこの遺跡はあまりにはずれていないか？　それほど慎重であり自然に敏感であった古代人が、なぜ、たえず工夫して塩分を洗いながさねば稲の育たない海辺を選んで、水田の試みを開始したのであろうか？

そのかすかな疑問を出発点に著者は、登呂をめぐる自然、住みつきの条件、住居の形態、田の跡、その立地と、克明に執拗に検討し、分析してゆく。その分析をたどるにつれ、疑問は解けるのではなく、少しずつふくれあがってゆくのである。それはまことに冷静であり、科学的でありながら、どこか推理小説を思わせるような手法である。

推理小説さながらに、疑惑が頂点にのぼりつめたところにドンデン返しがあって、読者は一挙に古代における権力という存在と正面から向きあわされることになる。いや、水田耕作は権力によって農民の生活と切断されたかたちで日本にもちこまれ、そのままのかたちで発展させられてきた、そのことがわれわれの現在のありようを深く規定しているのだという著者の主張の核心と、正面から向きあわされ、ふうんとためいきをつき、考えこまされる仕掛けになっているのである。

同じ主題と、同じ構成は「ある農村の歴史」でもくりかえされる。ここでは農民の生活と切断された「開田」をおしすすめる主役は武士たちである。農民をつねに搾取される側におき、ただひたすらに搾取と悲惨の歴史として描かれるような公式的な農民史の描き方とはおよそ無縁なこの著者の手法が、しかし、どのような農民史よりもみごとに、支配というものの非人間性を描きだし、著者の冷静な筆のすすめかたが私たちの内部に怒りの反応を呼びおこすほどの力をもつものになっているのは感動的であった。

だが、その描写の果てにふっと現代が姿をあらわす。怒りは思いもかけず自らにはねかえってきて、私たちは否応なしに現代のありようについて反省させられざるをえない。いや、稲作文化を口にし、農業を大切にせよと説いてきた自分自身が、ほんとうはこの武士たちとまったく同じ眼で農業をとらえ、稲作をみてきたのではなかったか、冷水をあびせられたおもいで考えこまされる仕組みになっている。

最初それは実にみごとに計算しぬかれた文章構成という印象で私をとらえた。しかし次に、ひょっとすると、それはこの著者の資質そのもの、人生そのものだったのではないかと私は考えた。農村を観察し農民の生活をみつめる眼が、あるところでふっと逆転させられて、みている自分の足もとを鋭く射ぬく眼となってかえってくる。それはこの本の冒頭にでてくるホテルの九階から日かげの部落を見おろす場面にもあらわれているし、『村の生活誌』(中公新書)のような文章にもつらぬかれている特徴である。

《日陰にあって、もはやその陰をなしている都市なるホテルを見上げようともしない、耕やし、暮す人たちの部落に思いをよせる。そしてよせた思いがわれにはねかえってくる。そのはねかえりのつよさに驚きつつ、しょせん問題は自分の内にあることを知るのである。》(一二ページ)

という文章は、著者が自らの人生について書いた解説のように私には思えてくる。

『千町歩地主の成立と展開』(一九五七年)などの仕事の名とともに、私のような遠くはなれた人間にも、土地制度史学会の秀才として、いつとはなしに認識されていた守田志郎は、このようにして、ある日、自らの農民によせる思いの、思いがけないはねかえりをとおして、自らの農業をみる眼の中に、二郷村の武士たちと同じものがあることに気づいたにちがいない。その断片はこの本のあちこちにうかがえる。

《「なぜ農民層分解を熱心に論じるのですか。」

答は明確だった。

「きまってるではないか、農民が資本家と労働者とに分かれることが早ければ、それだけ早く社会主義への道が開かれるのだからだよ。」》（三五ページ）

この四行に圧縮してとらえられているような学問方法に対する怒りは、二郷村の武士たちへの怒りと同質である。その怒りはまたはねかえって著者の中の「二郷村の武士」をうつものであったこともまちがいない。ここから、守田さんの放浪ともいうべき、旧来の農学の方法からの離脱がはじまっている。『村落組織と農協』（家の光協会。一九六七年）あたりからはじまる厖大な「非学問的」著書の群れは《現在ある部落そのものの歴史性》への接近をめざしての著者の新しい「学問的」な旅であった。

この接近はもちろん、不動の「厳密な学問的枠組」にはめて現実を切る方法ではありえない。そうである以上、現在ある部落の中で、耕やし、暮す人たちによせる思いがはねかえってきて自分の中にある枠組をくずし、くずれたところからまた新たに、耕やし、暮す人たちに思いをよせてゆく……、一見まわりくどい、果しない、しかし著者にとってそれ以外にはありようのない接近法であったことは、これらの本の読者にはよく知られている。

だが、そのように一見まわりくどいアプローチをとおしてさぐりあてられた、農民の生活の構造についての守田さんのイメージが、この本に収められた著者最後の諸文章の根底にあって、ほとんどものごとを見抜く力の源といってよいような働きをしているのを見るのは感動的であった。登呂の遺跡をみながら、農民がほんとうに自らえらんでそこに？　と考えるときにも、いわゆる「農業問題」のかげに都市住民のエゴイズムを鋭く見抜くときにも、著者の直観といってよいほどの分析の働きの背後に、農業のありようと農民の生活について守田さんが、しかとわが手にした確固たるイメージの存在が感じられるのである。

そのイメージの核心は「循環」である。そして、その循環は、人間の生活のために農業があるのではなくて、人間の生活があってその結果として農業がはじまるということから出発しているのである。そこには三つの循環の環がとらえられている。

《一つの循環の環は、農家の人の生活と田畑や山での作物や家畜や蚕の成育との間の循環です。》

大地の上での人間の生活と、大地の上での労働対象の成育との間には一つの循環がなければならないという主張だ。これはしばしば軽視されがちな環だとも著者は警告している。

《次の大切な環は、作物相互の間の循環です。》

これは輪作や輪栽の問題と関連している。労働対象相互の間にも循環が成立しなければならないわけだ。

《次の環は、耕地と耕地以外の要素との間の循環です。家畜とか蚕とか、そしてもう一つ草生です。》

この最後の循環が、最近生態学などを中心によく主張されるようになった自然の生態系の循環に相当する。守田さんの考えの独自性はこの最後の一つの循環以外に、前の二つの循環の存在を、とりわけ人間の生活と作物の間の循環の存在を強調する点にあり、さらにこの三つの環が、一つが満足されるためには、他の二つが前提になるようなかたちで相互に結びついていることを注目する点にある。その三つの結びつき方の中に農業の循環を理解する鍵がある。

《さて、循環の三つの環の結びつきなのですが、それを期待するならば部落がなければどうにもならないのです。部落はこの三つの環の回転を結びつける軸のようでもあるし、三つの環の回転を包み込んでいる器《うつわ》のようでもある、といったぐあいのものです。》(一一四ページ)

ここでは守田さんにとっての部落の位置づけが見事に語られていると同時に、ここにきて私は、問題が思いもかけず私自身のこの十数年追求してきた問題に重なってくるのを感じるのである。工場労働を追求しながら私もまた、労働者の人生を循環の上に成立する世界のなかでとらえようと手さぐりしてきた。効率や繁栄の名の下に循環を無神経に断ち切ってかえりみようとしない人びとに向って、抗議の声をあげつづけてきた。

ただ私は、守田さんほどには、自分の探し求めているものを明確にイメージしていなかったようである。守田さんの言葉を鏡にしてそれを整理してみれば、ひとつには私は、循環ということばでとらえるにはあまりにも現代の工場労働が「繰り返し」の世界になってゆくことへの疑念を表明してきたのだといえよう。しかし、そこに根本的な疑念をもちつつもなおかつ私は、労働の循環を構成するいくつかの環の結びつきについて、《それを期待するならば「現場」がなければどうにもならないのです》と書きうるように、工場労働の「現場」をつくってゆく道はないものだろうかと探しもとめていたのであることに思いあたるのである。

この「現場」のところを「都市」とおきかえれば、それはそのまま現代の文明の課題となろう。高度成長の中頃から公害反対運動をはじめとし、さまざまな市民運動のひろがりがあった。それらは自然の循環の尊重、共同体の見なおしなどの主張をもはらみつつ、ひとつの思想的潮流をつくりつつある。それは、人間の生活、人間の労働を成立させているさまざまな循環をズタズタに断ち切りながら成長してゆく文明に抗議し、環の結びつくことを求め、《それを期待するならば「都市」がなければどうにもならないのです》といいうるような場所として「都市」をつくりだすことを求める潮流であるといえよう。

そのような都市は当然「都市」と「農村」の間の循環という課題をはらむことになる。守田さんはまちがいなくこのような思想的潮流を切りひらいてきた人の一人であった。その守田さんが最後にのこしたこの本が、そのような思想的潮流自体の中にある弱さをきびしくうつ内容をはらんでいることをもう一度注目しておきたい。

たとえばそのような弱さは、われわれが中国の文化大革命をみる眼に典型的にあらわれたと私は考えている。多くの日本人が文革の中国に寄せた感動の源は、まさしく大地に根を下ろした循環に支えられた人間の生活と人間の労働への期待であった。だが私たちが中国にみたと信じたものはそこへ投影された私たちの願望ではなかったか。それも先進工業国の立場からのエゴをふんだんにふくんだ――。この本を読みながら、私は、この本で書かれている都会人の発想と、私たちの中国にたいする眼とが二重写しになってくるのを感じた。

私たちは自らの願望を他国の中国に投影し、投影した像を眺めて感動し、現実の中国が期待されたコースを歩まないことを見て失望する。失望を語るまえに私たちの内部にある「二郷村の武士」たちをうつべきだろう。中国にあるべき循環によせた思いが、はねかえってきて私たちの内部をうち、《しょせん問題は自分の内にあることを知る》とき、循環をとりもどす試みをはじめるべき場所は、自らの立っているところにしかないことがわかる。そこからはじめるしかない。守田さんがそういっている声がきこえるようである。

一九七八年九月一五日

目次

文化の転回

暮しの中からの思索

I

都会人として

「つくる」ことと「暮す」こと

一　人間環境と都市・農村

「都市の環境としての農村」という考え方がある。私の認識の限りでは、この考え方は、農林省とか総理府とかの下での識者のつどい、何々委員会といったところでの知恵の所産に端を発しているように思う。農政の当事者でない人が、農政の立場に立ってひねった知恵である。

当初私は、この考え方は、農業にとって危険であり、農家にとってめいわくなはなし、というふうに思った。しかし、今は、これは、都市自身にとって危険な考え方だと思うようになっている。農家、農村、農耕の部落にむけての都会の人間の思いあがりが、都会の人間自身をほろぼすことになりそうだという私の予感が「都市の環境としての農村」という発想によって、いっそうたしかになったように思うからである。これは、日本における文化の問題だと思う。では、どのようにしてそれは文化なのか。私自身の忘れがたい体験のなかから、問題の手がかりをさぐってみることにしよう。

ホテルの九階の一室で、窓に向いて私が立っていたのは、午前九時を少々まわったころだったろうか。ある行事で広く知られ、その行事の期間には、外人観光者も大切な客とする川が、ゆるやかなうねりを、あまり高くない山の間からみせて、ホテルのわきにおよび、このあたり、行事の場所を通りすぎれば、すぐさま県庁所在地の街なみにはさまれていく。そして、やがて、太平洋に面した湾に注がれる。

前夜遅く入ったこの部屋の窓から、件《くだん》の川の上流が、山あいに見えなくなるあたりをぼんやり眺めていると、眼下に動くものを感じる。見ればこのホテルに接して三、四十戸の農家風の屋根が、一列に、あるいは市松にと、いろいろの配置で一つの集落をなしている。見えるのは農家の屋根だけではない。前庭も後庭もみえる。町なかの高層ビルから見おろす光景には、日ごろ慣れてきたつもりである。歩道の人の流れ、自動車のラッシュ、パチンコ屋の屋根、ときには住宅を見おろすこともある。だが、農家の全景を、いつまでもつぶさに観察できたのは初めてだし、それだけに、いっときつよい興味をひかれて見つづけてしまった。

一軒の家から人が出て納屋の方に行く。そのとき私は、目をそらせてしまった。きまりのわるい気持がしてきたからである。この高いところから人の家をまるまる、しかもじっと見ているのが気はずかしかったのかもしれない。あとから理屈をつけて説明すれば、してはいけない失礼なことをしていたということにもなろう。

しかし、私はそれほど徳義心の高い人間ではない。もしもこれが、町なかの普通の家であったら、そんなきまりの悪さは感じなかったろう。そして、たいして興味もひかれはしなかったであろう。他面、もしもこれが村の火の見やぐらからであったら、平気で見おろしていたかもしれない。火の見は農家の人にとって同質の世界のものだと私には思えるからである。それにひきくらべて、このホテルは、眼下の部落の人たちにとって異質の世界である。火の見からの見下《みおろ》しではなく、見下《みくだ》しであり、睥睨に感じられる。それで、してならないことをしているきまりのわるさとなったのであろう。

道も見える。部落を南北に分けている二間ほどの土の道は、土堤の下に出るようになっている。二人の幼児がチョコチョコと走る。その先を走る白い小犬を追っているのである。小犬は立ちどまって子供たちを待ってじゃれる。一息じゃれるとまた走る。子供たちは追う。とうとう土堤に達して、一気に駈け上がった小犬の毛の白さが、一瞬きらめくようである。小犬はそのときはじめてその毛並を陽の光にさらしたのである。子供たちも追いつくと、この二人と一匹は、太陽の光を思うさま浴びて、はしゃぎまわっているかのようである。愚かにも、ようやくにして気がついたのは、眼下の部落は全面的に日陰にあるということであり、その日陰はこのホテルによってつくられている、ということであった。私がいま立っている、ホテルただ一軒がつくっている日陰によってである。気がつけば、さきほどから部落の中央のあたりでおしゃべりをしている二人の婦人は、いつ歩を運ぶともなしに、川の方へ移動していた様子で、土堤わきの陽光の下でその移動は止まり、おしゃべりには一層熱が入っているようである。

こんなことがあってよいのだろうか。陽ざしがすっかり長くなったというほどに秋が深まっているわけではない。午前九時というのにすでにこうである。やがて冬がやってくれば、かなり寒さのきびしいこのあたりのこと、凍った溜り水は、晴天の日にもとけることはあるまい。その暗い冬は長かろう。このホテルへは、けっして二度と来るまい、などと心にきめて、そうそうに帰途についた。そして一つのことに、はっとする思いで気づいたのは、それからだいぶたってからのことである。

それは、部落をまるまるおおいきる日陰をつくっているホテルの九階の窓に自分自身が立っていることの意味について、たとえ一瞬にせよ考えてみようとしなかったことである。一口で言ってしまえば、自分自身もその不遜なる日陰をつくる側の一部に立って、部落をおおう日陰をそれだけ密度濃いものにしていたということである。事業主が、設計者が、などと心の中でののしり、二度と来るものかと、やはり心の中で気のきいたせりふを残したつもりの自分だが、その吐いた唾が自分に戻る感じである。ホテルをつくった人たちと自分とが、のがれようもなく、ともに九階の高さから部落を睥睨し、それだけではすまず、色濃い日陰をつくる。自分とホテルづくりの人たちとのつながり、とりもなおさず、それは都会人間としてのそれなのである。

侵している——そういう感じである。都会でさわがれる日照権なる問題が、私のなかで影の薄いものになっていくようである。

日照を拒む方向で深められ、積み重ねられていく都会の文化にひたり、その一層の進展に期待をかけてやまない人々。日があたらなくて洗濯物がかわかないと訴えはするが、外に出すとすがついたようになってしまうので、洗濯物は部屋のなかでしか干せないという事情は、もはや訴えにはならない。そして陽があたらないということとは別な理由で、財布がゆるすならば、ガスか電熱の乾燥機を買って物干しの手間をはぶきたい気持が一杯である。

その一家の主人はといえば、勤めに出た先の会社で、都会文明の諸々の品々を造るか売るかの、どちらかの日々の拡大に懸命である。その拡大の成果とともに、ビルは建ち、マンションは高層化する、水も空気もよごれていく。ベランダいっぱいの太陽、胸いっぱいに吸う清らかな空気、それらを求めながらも失う宿命の上につくりあげつつあるのが、わが都会の文化である。どこかの国では、陽ざしのまぶしさに手をかざしながら、歩道沿いのテーブルでコーヒーを飲むという。その国で、都会の文化がどうなっているのかはしらないが、わが国では、それでは喫茶店はなり立つまい。私自身、コーヒーは暗い片すみで味わうものときめている。

もとより、太陽を求める気持はだれにもあって当然であるが、こうした都会的な文化の一層の高まりを切望し、それを満喫することをつづけているかぎり、他方にいっぱいの太陽を求めることは論理として無理なはなしである。

山に海に、太陽を全身にあび、バカンスをすごした若者グループが、都会に帰りついて駆け込むのは、喫茶店かビヤホール。巣に戻った心地で「ではまた来年いきましょう、さようなら」とやるとき、行くときのうきうきした気持より、帰ってきたことの意味をしみじみと味わうことであろう。すでに太陽の子ではないことのあかしをそこにみる。

そこで思うのは、耕やし、播く農耕の暮しは、太陽とともにあるという、あまりにも常識的なことがらである。

耕やすに機械をもってし、肥《こやし》は化学肥料になりきっており、子どもはテレビにかじりつき、母親は電気冷蔵庫、電気釜を使い、父親は自動車を乗りまわしているなど、都会の文化と工業的所産の影響が、深く入りこんでいる村の現状を否定はできない。だが、どのようにトラクターやコンバインがうなりつづけようとも、種は土に播き、土は雨をしみこませ、太陽の光をうけて、その種に芽を出させるという事情に、寸分の変わりもないのは、またどうしたことであろう。農耕生活の文化は必然的に陽光を不可欠とする。不可欠といえば、そこでの人の暮しが陽光を必要としているという意味にとられそうであるが、これも都会文明の中から農耕の暮しを見ることによる、倒錯した認識の仕方なのかもしれない。不可欠というよりは不可避的というべきなのかもしれない。

四季それぞれの草木、作物の成長、家畜の成育、その多様性と不断の変化のなかでの生産の暮しは、陽光への順応の日々でもあろう。それら自然生の現象は、どれも陽光のもとでのものだからである。そして、もっと大切なことは、畑や田にものをつくり、家畜を肥えさせ、鶏に卵を産ませるという行為、これは工業世界の概念をもってする「物をつくる」のとは、決して同じではないということである。それは育てる結果、実が成り、卵を産むということ、つまりとれるという過程のなかでの人間の促進行為である。その行為は、太陽に従うことでありながら、あらがうという半面を持つ。しかもそのあらがいは、他のどのような手段によるのではなく、農耕者そのものの肉体によってなされなくてはならない。そのあらがいは、つらくきびしく、ときに悲しくもあろう。だが、それでもあらがいつづけることをとどめもならず、また避けようとしない農耕者の意志が、そこにあるように思える。

肉体をさらけ出しての陽光へのあらがいであれば、おのずと限界はすぐそこにある。従いつつあらがうことになる。そこに長く溜め、蓄えてきた農耕者の知恵がうかがえる。そこに構成される、多分余儀ない所産の文化、それが農耕の生活の文化なのであろう。

農耕のうちに営む農家の生活と生産が、決して意識して太陽をたたえ、求め、その喜びにひたるといったぐあいに作りあげている文化というわけではないのだ、というのが私の感想であるが、しかし、それにもかかわらず、またそれゆえにこそ、農耕する人々にとって、その構成する家や部落にとって、太陽は不可欠でもある。

洗濯物が乾かなければ電機メーカーが乾燥機を考案し、届けてくれる。そこに一つの解決をえる。かの日陰の部落が、ホテルとのあいだに持つ関係は日照権とは別だといったのはこのことである。

その九階にある自分自身、部落をおおう陰を一層色濃くしているとと私に感じさせるいわれもそこにあるのだと思う。

日陰にあって、もはやその陰をなしている都市なるホテルを見上げようともしない、耕やし、暮す人たちの部落に思いをよせる。そしてよせた思いがわれにはねかえってくる、そのはねかえりのつよさに驚きつつ、しょせん問題は自分の内にあることを知るのである。

ここまで考えてくるとき、環境問題を考えるについての視座を私なりに感じる。そして、さらにこの視座に立って農耕を考えるとき、今日の農業についての視角も得られそうに思えてくる。いわゆる農業問題としてではなしに、である。

巨大化都市が、たくわえてきたその力と権威とを存分に発揮することで、部落をまるごと日陰に置き、農耕の暮しの存続を不可能にしては都市に包摂し、工場を建てなどして農耕を排除していくことに、工場労働者の組織さえ全力をあげて参加する。それは官民一致しての挙であるから、奪うことはいともたやすい。すでに進行中でもある。

なぜそんなにもたやすいのか。部落は小さく、農耕ある限りという不滅性をもっていながら、奪おうとするものと戦うことはしないからである。

だが、穴ぐらでは米は作れまい。米は作れなくとも太陽電球の下でエサをやっていれば、豚や鶏は育つという人もいる。だが、そのエサはアメリカや南米のさんさんたる陽光をいっぱいに吸って育ったトウモロコシや大麦の実であることに頭がまわらないのが穴ぐらの文化かもしれない。

一つの部落を日陰のなかにおさめ、つぶしていくことは、穴ぐらの文化の領域がひとつひろがるということである。それだけ陽光はしりぞいていくということである。

「農業と経済」一九七六年六月臨時増刊号

二 農業は必要か

農業は必要か、というようなテーマについて語り、かつ書くことを得意とする人は決して少なくはないと思う。天下国家を論ずるというのがそれにあたるかもしれない。天下国家を論ずるというのは、一般には罪のないことを論ずるという含みを持っている感じで、口角泡をとばすのも結構ではある。だが、私の気持からするならば、そのばあいに農業もその論議の対象にするとなると、結構だとばかりはいっていられなくなる。農業については、「必要かどうか」という問題は設定できないからである。なぜか。

それは、農業というものが、人とともに存在するものだからなのである。つまり、人が生きることとの関連において存在する業、それが農業だからなのである。必要のあるなしで農業が存在するわけではない。したがってその存在の必要性を問題にすることは、それを論じようとする人間自身の存在の必要性を論じるのと同じことになるのである。

しかし(にもかかわらず……、といいたい気持である)、ここ数カ月の間に、大新聞の特集ものの見出しにこの言葉を見たりする。私自身も経済雑誌の類似の特集に参加した経験もあり、こういうテーマがジャーナリズムの中にちらほらしていることを見るにつけ、驚きながらもその問題展開に私自身はいり込まなければならないものを感じさせられる。

陸続きなら人はどこまでも歩いて行ける。だが、人は鉄道を敷く。人がそれを必要と考えるからである。動物の毛をむしって毛筆を作ればそれで字は書けるのに万年筆が作られる。必要が発明を生み、発明が必要を生み、それがくり返され拡げられていく。そうやって工業が生まれ拡大する。工業の一つ一つは、人がそれを必要とすることを契機として組み立てられるのである。

ところで、必要によって組み立てられたものは、だからそれは必要なのだといいたくなりそうでもある。だがその論理にはあまり意味はない。必要によって組み立てられたということは、だからこそそれが必要であるかどうかが常に検討されなくてはならない、ということを意味するはずである。

だから、農業以外の生産活動のすべてについて問い直すことには疑問はない。だが農業はちがう。そのことを考えるにつけ、感動をもって読んだ次の一文を思い出す。

「原始の採集経済の人びとがこの豊かな大草原に入り込み……キャンプをするようになる。そこでは人間は火をたいて灰をまきちらす。……人間は生理上から、毎日必らずチッソを濃縮した排泄物をまきちらす。その場所には、翌年はもうまわりとちがった植物が生えてくる。……つまりムギ類はこのように、野生から雑草へ、そして栽培植物へと変わってきたのだ。こうして、人間が土地を耕すことを、植物の側から準備して待っていたのだ。」（中尾佐助『栽培植物と農耕の起源』岩波新書）

人が存在することだけで、その周辺の自然生に変化が起こり、その中で人はやがて生活に変化が生じたことを発見する。その変化の中に生産活動がある。そういう生活の一部分をなすものが農業なのである。農業が必要によって組み立てられた業ではないというのは、こうした理由からである。そのことに今日でも変わりはない。

生活として営まれている農業のかたわら、はた（機）を織り、わらじをあみ、あるいは農具を作るという作業、つまり人びとが必要とする作業部門が、大地に結びつく生活から次第にあるいは急激に離れて工業を構成する。そういう工業が、競争と拡大のくり返しを瞬時もやめない資本主義の支配下におかれ、誰もその回り続ける糸車をとめられない。

工業がどのように生い茂っても、それが人の生活の必要によって設けられた枝葉にすぎないのだということを忘れると、いま日本が歩みつつあるような、すべての人びとにとっての破滅のレールの上を歩くことになる。そういうレールの上を気づかずに歩いていると、人びとの暮しにとって必要でないものの生産まで、それが工業である限りこの上なく必要なような感じになってしまう。まだ足りないまだ足りないとばかりに、日本の土地のすみずみまでを、工場と道路と鉄道とでおおいつくしてしまわねば気のすまない人びとが国を支配する仕儀になってしまう。そして、人の生活に必要とする以上のものを工業的に製造するについて、重要な原動力になっているのが戦争であることも併せて考えに入れておかなくてはなるまい。

幹よりも枝葉の数が多くもなろう。本家よりも分家の数も当然多くなる。だがそうではあっても、枝葉が幹に入れかわり、分家が本家に入れかわることはない。

どこの国は農業人口が三パーセントしかないとか、日本では何パーセントだとかいったぐあいに、頭数で軽重や序列をつけようと一生懸命なばあいが多い。その気持も分らないではないが、頭数でことの本《ほん》と末《まつ》とが入れかわったりするはずはない。頭数は現代の民主主義が教えたことで、仕方がないにしても、米価問題の主婦の集まりで「消費者の方が生産者よりも人数が多いんですから私たちのいうことを聞いてくれなければ……。」という発言に直面して私は、がくぜんとした。その私の気持は、その発言者にのみならず、出席者たちにはとうていわかってもらえそうな雰囲気ではなかった。

頭数の論理はここまできたか、という気持である。これでは、農と工の本末を逆転させる政策や情報の巧妙さの前に大衆が一も二もないありさまになって、みずからの生命の短縮にも気づかずに拍手を送る状況の素地は十分のようでさえある。

経済学を専らにする人たちの中でこういう問題について発言するには、工夫も努力も要る。なぜならば、それはフィロソフィーの問題であって経済学の扱うところではないと一蹴されてしまうからである。一見高度に理論的で外国に勝ること数等と自負している場面にぶつかるわが国経済学の、実は救いようのない貧困をそこに見る感じである。

農業と工業の間を社会的分業といったりもする。これは多分常識的な見方であろう。工業の内部での分業とは、あれを作るこれを作る、またそれらを組み合わせれば一つのものができあがるといったぐあいの相互間の分業のことである。

しかし、農業と工業の間柄は、そういったことではない。工業は人間生活としての農業から分れたという意味で分業であるが、農業は工業に対して分業ということにはならない。わが国の経済学が、農業を社会的分業の一ジャンルとして位置づけているように思うのだが、これは、日本で算術化された経済学における読みちがいなのではないかと思う。

経済学にあってしばしば農業の特殊性ということばにぶつかる。これもまた農業を鉱工業のあれこれの分野と併列的に位置づけてそれを社会的分業の一つとすることから生れることばである。農業と工業のちがいは特殊性の問題ではない。

ところで、農業から分れた工業は、その分離の進行にともなって自律性を備える。それは資本主義の性格からいってあるていど仕方のないことである。が、その自律性が単なる自律性の範囲にとどまらず、空転の極致にさえおよぼうとしている。人間生活そのものとしての農業が必要とする限りでの工業は本来農業に調和したものでなければならない。この調和を極度にふみはずさせてきたのがわが国の過去における戦争であり、近来における高度経済成長なのである。

農業を産業化しなければ、とか、農業を職業化しなければ、といった発言に接することがある。ふだん農業のことを一生懸命やっている人たちの間で聞いたり読んだりもする。それらは私には、工業優先論の人たちへのお追従《ついしょう》のようにさえ聞える。「こうするから農業の必要性を認めて下さい」といったぐあいにである。

農業の工業化という言葉もある。この考えについては、私は一度ならず攻撃的な発言をした。しかし、いま考えてみると、その発想の契機は技術論である。それは、農家にとって成りたたない幻想である。これにひきかえ、農業の職業化、産業化ということばの中には、農業の壊滅とその当然の帰結となる民族の衰亡を肌にあわの立つ思いで予感させる隠微さがある。本当は私の念頭にあるのは「民族の」、ではなく「人間の」衰亡だけなのだが、ここで民族のという言葉をつかったのは、日本において日本的に、という含みを持たせてのことである。

こんなふうに考えてもみると、「農業は必要か」という問題提起が、何のためらいもなく出るような世の中の事情を作りあげるについて、一半の責任、いや過半の責任は農業について一生懸命で発言したりしている層にあるのかもしれない。そう断定した方が私としては素直ないい方になるのかもしれない。

農業を職業としてとか産業としてとかいうことは、農業が農業として存在することを否定することを意味する。産業として見るということは、農業に企業採算性を持ち込むことになろう。しかし、農業には本来資本の論理でいうところの採算性などはないのである。農業では採算という概念は成立しないのである。多分それは、農業には資本という範疇が成立しないのとウラハラのことである。

一般には農業に資本範疇を成立させないと気がすまないようになっていることは私もよく知っている。しかし、私はあえて問いたいのである。なぜこの人間世界において、資本なる範疇に、崇高なる現神の地位を与えなくてはならなくなってしまったのだろうか。これも、わが国の経済学がみずから選び、はいり込んでしまった迷路のなせる業のように思えて仕方がない。

しかし、その禍いのおよぼす範囲は少なくない。農家簿記、農家経済調査など、むりやりに教えられ、くり返し記帳と計算を続けてみても資本の算出やら利潤の集計といったことには、農家はいっこうに実感がわかない。それが単に無駄だというならばそれでもよかろう。だが、農家の人たちの作業時間をストップウォッチではかるような生産費計算ひとつを例にとっても、その影響が決して小さな禍いではすまされていないことがよくわかる。生産費というのは資本の論理なのであって、その手法を資本範疇の成立しない農業に適用することに、経済学はその種類を問わず血道をあげ、農家の人たちを混迷と失意の中に陥れているのである。これもまた、農業を親の仇のようには見ない人たちによることであるだけに、危険度はいっそう大きい。

農業に資本範疇を設立することと農業を産業と見立てることとはウラハラであり、それが農業の否定につらなる、と私は思う。その上に立って都市を見ると、都市生活の骨がよく透視できるようにも思うのである。

余すところなくというよりは、余りすぎて象皮病のようになってみずからを貫徹しているわが国都市の資本の論理は、商品を天井まで積み上げさせて、ある人はステレオの谷間に、ある人は高級ソファの下に首をつっ込み、ようやくにして見つけたすき間に床をとって幸せな夢路をたどるという次第である。

これでは食費のしめるパーセンテージが減るのは当然である。食物以外のものへの家計の支出の増大は人の求めるところではあるが、今日のわが国のように、資本の論理の貫徹が過剰になっている中では、人の求めに応じてというよりは求めを越えて商品がなだれ込み、そのための支出のウエイトが拡大していく（農村へのその波及もはなはだしいので、データでいえば都市よりもその拡大率が大きいばあいもあろう）。食費のウエイトは一層小さくなる。

ところで、ピアノと全自動洗濯機を同時に買ってしまったので半年ほど食事をつめるといったわびしいありさまも珍しいことではないが、普通の状態にある限り都市家庭での食糧の消費量は減るわけではなく、減るのはパーセンテージだけであることはいうまでもない（このばあい食糧を主食に限定しないことが大切）。さて資本の論理のほうでは、このようにパーセンテージの減少する産業部門は衰退部門ということになり、また現実におおむね衰退させられるわけである。だが、この原理は食糧を生産している農業にはいっこうに通用しない。幸いにしてそこには資本の論理がないからである。

私は資本の論理が日本の全土をおおいつくすということがあり得ないといっているのではない。

しかし、その状態のもとでは、この国は完全に歯止めを失った資本の論理の暴走状態となり、神も見はなし世界も見はなした孤島ともなり、そういう状態の支配者たちがよだれを流すほど好きになっているにちがいない戦争だけが頼みの綱、ということにもなろう。
いま資本の論理の侵入はむらでくいとめられている。そういうむらが日本のあっちこっちにあることは、都市の人たちを幸せそうに不幸にしている資本の論理の支配の危険に、都市の人たちが気づいて、巻き返し追い込めていこうと思い立ったときには、きっと大切な寄りどころになるにちがいない。

「農林統計調査」一九七三年一月号

いま、なぜ「農業問題」か

問題の立て方

農業問題という「問題」の立てかた、その発生の動機、それへの取組み方の推移、そして今日なぜかこれがしきりに口にされるについての契機、どれ一つをとってみてもそこに農耕する人はない。そこが私にとっての不思議なのである。不思議など少しもない、学問や思想や政策はみな都会で育つのだから、これでよいんだという人がいる。都会のことや工業のことを問題にするのであれば承認してもよい。しかし、農業とか農家のことについて口にするのだとすれば、気にしないわけにはいかない。

日本で農業問題を言うときには、なぜか「口にする」のではなくて「口を出す」というぐあいになってしまう。まず政策で見よう。

政策というからには「口を出す」のはあたりまえだと言う人もあろう。もとより、口も手も出すのが政策だということは百も承知なのだが、政策の農業への口の出し方は、他の並みの政策とはおよそちがったものである。「口の出し方」の程度つまり量、その頻度とか濃度とかのことはさておくとしよう。量についても並み大抵のことではないのだが、ここでの課題からすれば、質の方に関心を寄せるのが妥当だと思う。

たとえば、一九六〇年代の前半期にすすめられた農業構造改善事業、そして農業基本法（一九六一）にかかわるいろいろな農業政策でいえば、五人家族で二・七ヘクタールていどの田畑を持つ農家を標準とし、田畑から離れた団地から田畑に通勤するサラリーマン的な生活をするものに耕やす人を作りかえていく……、といったぐあいである。

そしてもう一つの例。一九七〇年代に入ってからのことだが、農村は、空気を汚し緑を失った都会の人たちに「自然」を供給するサービス機関にならなければならない、というしろものである。これを「農業の第三次産業化の推進」というのである。（失礼ながら読者の方々の中にはここのところを読んで、それは結構な政策ではないかという反応を心の中に持った人が少なくないのではないかと思う。新鮮な卵、農薬のかからないトマト、おいしい空気、それこそ私たちが住民運動まで起こして求めているものではないか、それを政策の手で農家の方から与えてくれるなんて、と。だが、そういう反応がわいてくるとすれば、そのこと自体がここでの課題を考えることの意味なので、その反応は行論のために大事にしておいてほしいと願いたい。）

農家を都会の人間へのサービス屋にさせようという政策構想の文章の中に、都会のものが夏に訪れたさいに汗をかかせてはならない、それゆえ農家はクーラーを備えて家の中を涼しくして都会の人の訪れを待つように、という一節がある。(これはありがたいこと、という反応をここでも予想しなければならないのだろうか。とするなら、私はここで希望を捨ててしまいたい気になりそうなのだが。)

この二つの例で、農業にかんして政策が口を出すことの意味が理解してもらえるように思う。農家の人たちの農耕の仕方、田畑の持ち方からさらに驚くべし家族の構成から生活の仕方にまでずかずかと入り込んでの「口の出し」方は異常である。もしも都会にむけてこうした政策の口出しがあったとしたらどうだろう。多くの反応のことばの中に間違いなく見出すことができるのは「ファッショだ」であろう。ここで大切なのは、政策者がこういう「口出し」的な質を持つ政策を何の抵抗も感ぜずに打ち出すことのできる背後に都会の人々の支えがあるという点だと思う。

目の高さ

国民総生産が世界のトップをいっているのに国民所得がそれほどになっていないと騒がれた何年か前のこと、このことを話題にしていたあるマルクス経済学者が、この矛盾は日本の農業の生産性が低いからだ、といった。国民総生産が高いとか国民所得が低いとかの論議は人間の人間としてのありようを考える上で何の足しにもならないことと思っていた私にとって、このマルクス先生のしたり顔での論には何の関心もわいてこなかった。だが、そういう私のうけとめ方には間違いがあることをその先生は次のことばで衝撃的に教えてくれたものである。

「つまり、労働者が農民の犠牲になっているっていうことをこの統計が示しているんですよ。もっと生産性をあげさせなくては。」

労働者が農民の犠牲になっている、そう都会の労働者が思い、口にするのだとすれば、それはそれでよいと思う。それを聞いて農家の人が頭にきて、犠牲になってるのはこっちの方だと言ったりして、それで口論が起こるとすればそれでよいと思う。ところが事実はそういうぐあいにはいかない。件の先生がつけ加えた最後のひとことがものを言う。「生産性をあげさせなければ……。」

この「口の出し」方には、相手つまり農家の人たちと論争をしようなどという気配は毛すじほどもない。教える、とか、なさしめる、させる、というその発言者の地位にゆるぎなし、と他にも感得させるための威儀さえ感じられる。

もとより、マルクス経済学で農業問題を論じるのである以上、政策への批判の言葉は山と盛り込まれている。だが、なぜか山積みの批判の言葉が政策者に痛手をあたえるばあいをほとんど知らない。あなた方の政策は間違っている、農民の生活の実態はこうなのだからこういう政策をやらなければいけない、生産性をあげる、コストを下げると言っても、その政策ではききめがない、農家の構造改善はこういうふうにやらなければだめだ、といったぐあいの批判である。政策を批判するとき、すでにみずから政策者になってしまっている。政策するものと同じ目の高さで考え語るならば、視線の角度は農民を見て下向きになることは必定といえようか。しょせんこれでは政策者に寄与せざるをえない。

こういうふうになってしまうのは、農業政策への批判の仕方のせいなのだろうかと考えてみるのだが、どうもそういうことではないようである。学問をするものが政策を口にする限り、そして、それが農業にかかわることである限り、政策者の視点のものになってしまうことは避けられないようである。もちろんこうした傾向は農業に限られたことではなかろう。だが、こと農業となればおおむね確実にこうなってしまうのは、農業に口を出すばあい、政策を通して農家に口を出すという根底的な姿勢があるからだと思う。

そしてこの姿勢は学問するものに限って備えられたものではなく、都会に暮すものに共通してその内側に備えられているようにさえ見える。

都会にあって、私たちは、自分の中にあるそれをよく知っている。

里と市民

都会の人間の農家の人へのこうした目のむけ方は、嫉《そね》みと表裏をなすものなのかもしれない。自分たちを追い出した村や部落、はじき出した里の家、それをそねみ、そのそねみがやがてさげすみに変形する。もっとも、追い出しはじき出したといっても、村や部落が好んでやったことではないし、里の家の父やその長男が次男三男を憎くてということでもない。長男は自分が追い出された方がどれだけ楽かしれないと思うこともあろう。だが、誰かがこの家と田畑の暮しをうけつがねばならぬとなれば、その家に最初に生まれた男子である自分が次男三男を家からはじき出すつらさに耐えなくてはならない。そして、そういう家々で構成している里の部落は、そのことによって生命を維持されている。

不断に里からはみ出させられる次男三男その子や孫やひこで、町や都会は満たされ拡大していく。里をはみ出たのが昨日のことでもあろう。十年前のことでもあろう。百年二百年前のことであったかもしれない。いずれ徳川時代には確実なはみだしの関係ができあがり、その挽き臼はいまもまわり続けている。海の水を塩辛くしたといわれる寓話の臼のように。

ヨーロッパにはエンクロージャーということがあったと歴史の学問は教えている。貴族とか商人とかが自分の領地や買い占めた村から農家をまるごとほうり出してしまうという、封建末期の現象である。農民は家族ぐるみで町や工場のあるところなどに流れついて活路を求める。都市や工場地帯がそういう人々で一遍にふくれていく。こうして出来ていく都市の人たちは、件の石臼から少しずつ絶えずはみ出してきた人とはちがう。はみ出させる本家や実家も、またその部落も、まとめてふっとばされてしまうのだから、長男を恨むとか里をそねむとかいうことはない。恨みにくむべきはエンクロージャーをやった王侯貴族や豪商ということになる。市民と呼ぶにふさわしい人間の暮し方がここから展開していくとすれば、納得がいく。その納得がここでの大切な手掛りに思えるのである。

もっとも、つけ加えておかなければならないこともある。私たちの国での教科書的理解からは、エンクロージャーがヨーロッパを覆いつくしたかの印象を受ける。この認識はかなり大げさにすぎるようである。西ドイツ・フランス・イタリーのみならずエンクロージャーの御本尊のイギリスにしても、イングランドを除けば農家が集落をなしている光景を現代容易に見ることができる。エンクロージャーは過大に評価しない方がよいように思う。そうした集落の追い出しを達成しなかったところでは、農家は共同体的な生産と生活をつづけており、そこからは、やはりはみだしものが不断にはみ出て町に赴いていることも忘れないようにしたい。

そこに幾分キメ細かい配慮をした上で言ってよいこと、それは村里一掃の凄絶さが作り出したヨーロッパ都市の人間群と、そうした契機を遠く中世に持ったことはあっても今日の都市の大方の前身たる城下町、商業都市の出来ていく過程で徐々にはみ出した日本の都会人との間に、自分を見つめ、村里を見つめる目にちがいがあるということである。前者に市民の語を使えば、後者にはその語を使いにくい感じがする。迷い迷い都会人間という言葉を使ってみたりする。

試みに都会生活がいやになったといって、一家あげて百姓になりたいと思ってみよう。君が実家や本家だといっているところ、故郷だと信じているところ、そしてほかのどのようなところにしてもそこが普通の農村である限り、その人とその一家は決してどこからもうけいれられはしない。たとえうけ入れられたとしても、にわか仕立ての百姓一家などというものは決してやっていけるものではないのだ。たまに作家などがその貯金の少々をまわして田や畑を借りたり買ったりして「土とふるさと」の香りにむせぶ、ひとときのしあわせを許されることはあっても、それは農耕の暮しに入ったということとは全く別のことである。

百姓一家に転身したいと思ってみたとき、その人は村から里から完全にしめ出されていることを痛いほど知らされるにちがいない。そういうその人がプロレタリアと言われる人であって、かの村やその農耕の人たちを同盟軍と考え、感動の握手をかわそうなどという衝動が、心の底から湧いてくるとすれば、その人はよほど特異な体質の持主だと私には思える。

都会文化をふまえての勝利感か、それとも大地を失った敗北感か、羨望感か侮蔑感か。やはり嫉みからなのであろうか。もちろん無意識のことであろう。だが、無意識のうちに強者の近くにあるのをよいことに、見下ろす目の角度ができてしまうとすれば、いっそうこわい。

都会の座標

私はといえば、農家の人との接触を深めれば深めるほど、卑屈な感じが湧いてくる。それも敗北感の一種かもしれない。そしてその心の空洞を埋めようと、せけばせくほど空洞は大きくなるばかりである。そしてそこから農業のことを考えはじめることができそうに思えてくる。

農業をああしなければ、こうしなければとか、こうなければ、ああなければ、と問題を立てるその座標は、本来都会のものでしかないのに、都会人はそういうふうに感じられないような言いまわしや組立てで出して見せる。国のためとか日本の将来はとか、社会のためとか、そしてあろうことか農家のため、またそうはっきりは言いにくいために日本農業のためという空疎な用語をつかったりする。学問、政策にかかわるものが都会に住む人々の輿望を担ってこの塗りくるめをやる。粉飾とでも言おうか。ときに都会の人間はこれに讃辞を贈るだけでは気がすまず、もっとやれとあおったり責めたりする。

「農林省はなぜ農家にあんなまずい米を作らせておくのか。」

「米がたくさんとれすぎてるのに生産者米価をあげるとはおかしいではありませんか。」

「トマトに農薬をかけることをなぜ禁止しないのか。」〈市民の声〉

もっとものすごいのもある。宅地問題である。

「近郊の農地を手放させるために政府はもっと……。」〈労働組合〉

もう少し「学」的水準の「高い」のになると、さきにあげた「国民所得にとって農業生産力の低位性がブレーキになっている。」というもの、あるいは、「消費者物価に影響の強い農産物価格を引きさげるには、農業の生産性を高めなくてはならない。」

そしてこれだけ言ったのでは消費者本位みたいに聞こえようということでひと言つけ加えることを怠らない。

「農業の生産性を高めることは、わが国農業の国際競争力を強めることになり、わが国農業の存否もここにかかっているのであって、……そのような強力な政策を今日喫緊と存ずる次第である。」

〈農政学会、経済団体組織などの声〉

「農業」ということば

農業という言葉で表現しようとしている概念そのものがすでに非農業者のものなのだ、とさえ私は思っている。言葉の歴史を見れば「農業」の語は徳川時代には普通に使われている。徳川の中期には『農業全書』という著名な農書もある。だが、徳川時代のこの用語は、領主の周辺にある役人や学者が政策への寄与を目的として使ったものである。また非農耕者が城下町などにあって、農耕者に目を向けているとき生きてくることばでもあった。その表現しようとする概念もそこから理解される。近代になって百年、農業という言葉にこめられたそうした意味合いはいっそうたしかなものになってきたと言ってよい。

耕やして暮すということは、人間にとっての本来的な生活の仕方なのであって、自分から業などと名づけて他と区別することではない。畑があり田があり野や山があり、そこの里に住むがゆえにそこを耕やし種を播き実をとって食べ、残りを売る。地主や殿様や、近代ならば国家に、租税を納める。それは業をやっているということではなく、人として生きているということにほかならない。町や都会に在るものにとっても、あれは里のものとか実家だとか言えばそれでよいだけのこと、ことさらにあれは農家だなどと言うのはわざとらしい。あの里は大根が自慢だとか、この里はそら豆をよく作って食べるとか、あるいはこの木綿はどのあたりの村で仕入れた綿から作ったものだとか、煙草はどこのがよいとか、都会のものにとって、村里での農耕とのそうしたかかわりの数々はあっても、「農業」という言葉で自分たちと区分、対置させる必然性はないと思う。

それでは、そうした区分の必然性とか必要性とかは、どこにあるのだろうか。私は、それを支配するものが支配されるものを見るときのことだと思う。政治にしても経済にしても、戦争にしても、どの職業、どの産業のものが何人いるとか、田がどれだけで畑がどれだけだとかいうふうに、自分が支配する人間や国土を区分し整理することが支配者として重要な要件になる。近代社会ではとりわけそうである。そして、人も物もすべて同じように分類した数字で表わし掌握する。統計というものは支配者の論理の実現の手段にほかならない。しかも支配される民衆の方も、それと意識せずに統計数字を大切にする。自分が数量化されていることで、この近代での存在価値を確認されたような、皮肉な満足感なのであろう。農業統計もその例外ではない。

私の記憶するところでは、第二次大戦のあとの十年ほどの間、この国では農業統計の整備に異常な熱心さを示していたように思う。そして今日その細かさにおいて日本の農業統計は世界のどの国のものも及ばないほどになっている。田畑が五アールから十アールまでが何戸、十アールから十五アールまでが何戸、家族が何人のものが何戸、農産物を五十万円から百万円まで売るのが何戸、豚を十頭から二十頭まで飼うのが何戸……。厖大な費用をかけての無数の数字、それを収納した大小十種類を越しそうな統計書、それらは当事者たる農耕者とは全く無縁のもの。自分たちを数字にしてほしいと政府に願い出たわけでもないし、どんな統計にしてほしいかと聞かれたわけでもない。農耕の暮しそれ自体の中にそうした内発的な契機は全くと言ってよいほどに無い。

農耕するものにとって内在的な契機のないこの統計づくりではあるが、たんに為政者のみならず、農業への関心をわかすとき学者やらインテリやら組織とか団体などは、それぞれにこの農業統計をタテにしたり手段にしたりして農業のあり方などを論じる。都会の人間自体にしたところが、自分が統計で数量化されることの意味をよく考えてみれば、それは司るものにとってだけのことだというこ とがわかるはずだと思う。統計それ自体がここでの問題なのではないが、農業問題といえばまるで統計論争みたいなあんばいなのである。

本来の農業問題

ところで、農家の人たちがその農耕と生活において問題を持っていないということではない。トラクターの分割払いのこと、農薬をどうするか、牛乳の値段が安い、今年の出稼ぎはどうしよう……。何しろ生きている土、生きている作物や動物を相手に一家の生活の毎日なのだから、工場の二つや三つ分よりもずっとたくさんの種類のことを毎日処理したり判断してやっていくことになる。それらはおおむね農家の人にとって、すっかり慣れたリズムの中で展開していくことなのだが、そのリズムに大小のくるいを起こさせるような事情が内からも外からも起こってくる。孫が病気になったとか、干バツで陸稲が実らないとか、母牛が子を胎まないとか、それらは内からの問題であろう。そしてさきにあげたようなのは、農耕の外、村の外とのかかわりで起こってくる問題ということになる。現代では、外とのかかわりで起こる問題に難しいものが多いし、内から起こる問題にしても、工場でつくった飼料のためか牛が不思議な病気にかかるとか、コンバインの操作を誤って長男が怪我をしたとか、といったぐあいに外とのかかわりで起こることも多くなっている。

そういう農家が、自分たちが抱え、あるいは当面している問題のあれこれをひっくるめてみずから農業問題と言うだろうか。新聞やら雑誌やら、それに学校や官庁で「農業問題」の語がやたらに使われ、そのことばに慣れてしまっている農家の人たちとしては、自分でこのことばを使うことが少なくはない。だが農家の人たちが、自分たちにとって問題だと感じる事柄が本当に農業問題というにふさわしいかといえば、農薬やトラクターの問題なら工業にむけてのことであり、価格のことなら市場にむけてのことであり、一口に言ってそれらは他に向けての問題あれこれということであるはずである。あえていうならば、それらを包括して都市問題とか工業のあり方の問題とかいうべきことなのであろう。

そして、もう一つ大切なことがある。私たちの国で、現代、農業問題と言うときその問題意識の根底にあるべきとされるものは、第一には「農民の存在形態とその推移」を確かめることとその法則性を追求すること、そして第二には、「農業のあり方」、つまりどうあるべきかを求めかつ示すことにあるといえよう。

農業構造論という論があり農民層分解論という論がある。農業問題を論じる学界（会合、雑誌など）では、この二つのどちらかを上手に口に出せるのでなければ相手にされない。家族は何人、田畑は何ヘクタール、トラクター・コンバイン一台ずつ、それにあれとこれ、そういう「経営」の農家を作るように政策をしなければ、といったのが構造論である。五反〜一町層が何パーセント、一町〜一・五町層が何パーセントで、十年前にくらべるとどちらが何点何パーセント減ったとか増えたとか、そして、これは両極分解型の農民層分解だ、いやそうではなく逆ピラミッド型農民層分解だなどとやる。数字は十年前にくらべればいつでも二パーセントや三パーセント、少なくても〇・五パーセントくらいの変わりはあるから、その変わった部分に虫メガネをあてて論じるのであれば、いつ議論をしても時間が足りない。ただ、それを言っているだけなら学問上の遊戯にも似て人畜無害にもみえる。だがもちろんそうではない。農民層はこれこれの分解の方向を持たねばならないという考えを持った上でのことである。これが農民層分解論である。

ある論者にたずねてみたことがある。

「なぜ農民層分解を熱心に論じるのですか。」

答は明確だった。

「きまってるではないか、農民が資本家と労働者とに分かれることが早ければ、それだけ早く社会主義への道が開かれるのだからだよ。」

だがこの人とても、村にやって来て、集まった農家の人たちを前に、「あなた方早く田畑を手離して没落しなさい。そうすれば社会主義への道がすみやかに拓かれるのです」と言う勇気はないと思う。そこで政府の農政を非難攻撃する演説をぶって帰ってくる。それが普通なのである。

もちろん農民層分解を論じる人みんなが同じ答を用意しているとは限らない。心の中にある本当のものは一人一人ちがっていると言いたいくらいに多様である。だが、どのように多様だとしても、何の目的意識もない、つまり、どうあるべきだということを全く考えないのだろう、などと言えば激怒を買うことに間違いはない。目的意識があるということは、この論によって農民をどうにかしよう、ということなのである。

考えてもみよう。同じ部落の農家のAさんが九反の田畑を耕やしBさんは一町一反を耕やしている。ある種の統計分析によって一町以上層は上昇、一町以下層は下降という分解論を出すとすれば、毎日のように顔見合わせ、ときには一緒に山仕事や水番に出、子供はともに学校に出る、その間柄のこの二軒の家の人たちとしては、私は上昇、お前さんは下降、お前さんは上昇、私は下降してプロレタリアに、とそう思い合うように烙印を押されることではなかろうか。

大正・明治、そして徳川と時代をさかのぼれば、Aさんの家もBさんの家も田畑はふえたり、減ったり、分家を出したり、あと継ぎが無かったりと変遷はさまざまであろう。Cさんの家は、かつてはひとかどの地主だったが、今では部落の中では下の方だ、といったこともあろう。何がそれぞれの変遷推移をもたらしたかについて考えるのは大切なことで、そこに村里部落と農耕の意味を求めていくことにもなる。

過去のことだけでなく、現在のことも大切である。だが、五反〜一町層、一町〜一町五反層などと器《うつわ》を用意しておいて、そこにこの年は何軒の農家が落ち込んだとか上がって来たとかの層分けの作業の仕方は、政策者が相手を見おろした上で政策素材を得ようとするためにとる視点だと思われてならない。これは、都会のサラリーマンを年収二百万円以下とか二百万〜三百万円とかに層分けをするのとは同質であり異質でもある。同質な点とは、やはりサラリーマンを民衆として対象化している面をいうことにある。異質な点はといえば、サラリーマンのばあいは、層分けをする主体（学者・役人）がその対象の中に自分を含めているのに対し、農家の層分けについては、層分けをする主体たる学者や役人や運動家が決してその対象に含まれない点である。

どだいAさんとその一家、Bさんとその一家、田畑を打ち、起こす人たちをはたから何層・何層と入れこんだりすることは失礼なような気さえしてくる。学問はそういう配慮を越えなくてはならないのか。そこは学問する者としては考えてみなくてはなるまい。面とむかえばこよなき温情を示し、都会のコンクリートの建物に戻れば学のために冷徹になる。それは筆者私自身のことでもあるのだが。

宅地問題――現況から(一)

使いなれたことば「農業問題」、それが農家のため国のため国民のため労働者のためと上手に使いわけ論じられる歴史は決して五年十年の短いものではない。そして、その間とりわけ輝きをもった一つの線で貫かれてきたのは階級観点のものだったのであろう。だが、いま深まりつつある荒廃の中で終末感が呼び起こすのがまた「農業問題」ということばでもある。しかし不幸にしてと言おうか、その言葉が長く使われ、また上手に使いわけられたため、根づよく安定してしまった農業問題意識までがついてはなれないようでは、せっかくの終末感も絶望感も都会の私たちにとって何の救いの手掛りにもなりはしない。

では何が設定さるべき問題なのか。ここで、住宅地問題、食糧問題、農産物汚染問題という際立った三つの状況的問題に順次立ち入ることをもってその手掛りへのよすがとしよう。

まず住宅地問題。

住宅問題の一番の難物である宅地問題について、労働組合の連合体として日本最大の組織の代表者が数年前、政府にむけて発した主張を思い出す。政府は当時、都市周辺の田畑を農家に手離させて宅地にしようという目的で「田畑の固定資産税の引上げ」(宅地並み課税)をきめながらその実施をためらっていた。これにむけ件《くだん》の組合連合の代表者は言う。「労働者が住宅問題に苦しんでいるのに政府は何をためらっている。もっと強い姿勢でこの宅地並み課税を実施せよ」(大意)。この発言は二つの点で階級的でない。一つは同盟軍、日常的には労農提携の語で語られているものとの矛盾。そしてもう一つは、政府にむけて、つまり、その組織みずからが言うところの国家権力にむけて、みずからの「同盟軍」の膺懲を求めているという点。現代の私たちにとってこの二つの点のうちのどちらが重大かといえば、もちろん後者である。

この組合連合代表者は、いつわりなく組合員労働者の気持を語ったのだから、すぐれて代表者である。そして、宅地問題という事柄のありかを考えるにあたって目を都会の内側に向けず、外側、つまり日頃満員電車の窓から見なれた郊外に向けた。そこに容易につらなる農業問題とは、「農地を無駄につかっている」「土地資源の浪費だ」「より高い生産力を」「もっと多収穫を」「一年に白菜一回に大根一回といった土地の使い方でなく、工場を建てて十分に一台ずつそこから電気洗濯機ができるようにした方が効率的だ」など、である。そして結局は農産物は外国から買った方がよいとなり、自給論盛んな際にはそれも言えずに工場の中で洗濯機と同じようにほうれん草を育てるがよいと結論する。そのほうれん草工場が、またまた累加する公害要因になり、みずからの命がまた一つちぢむことに気づかず、気がついたときには、公害のない社会をと熱誠こめて唱えるということになろう。

食糧問題――現況から(二)

次に食糧問題。

天明の飢饉、天保の飢饉、もとよりそのさいの農村の飢餓を忘れてよいわけではない。だが、それぞれのさいの二年ないし三年の凶作は不可避であったとしても、米稗粟芋をつくる村のものたちが城中のものより先に、そしておおむね城下のものたちよりも先に飢餓に襲われなければならなかったのはなぜか、ということに思いをよせてみることで、現代唱えられる「食糧危機」の意味を知る近道がえられると思う。城中城下は、そして現代の都会は、米稗粟芋を作る農村よりも先に飢えてはならないという共通の認識がすでにあるのだと思う。近代社会にあっては、近代固有のそれなりの論理で、そして戦争のさいはいっそう強力に、都会は主人公である。都会にあるものは農家の人たちとのかかわりに関する限り階級を越えて上位にあり、その生命を食べものの危機から守られなくてはならないという論理である。それが食糧問題の構造なのである。

国民の食糧とか民族の食糧とか言うときの、国民とは都会の人間のことなのである。先に飢える立場に置かれるか、米芋をがっちりかかえて離さないという立場を貫ける状態にあるかを問わず、農家にとって、あるいは農村には、食糧問題は無い。食糧問題という問題体系をつくって、そこに農家、農村をはめこもうとするのは余儀ないことにも見えるが、それは都会人間の動機なのである。その契機が、朝野を分かたず論を一致させる。

「食糧」を「食べもの」と言いかえてみる。そうすれば、国家の力をかりて自分たちの腹を満たすという関係で農家の人たちにおいかぶせる都会人間の論理がかなり薄れて来よう。農家の人たちが作ったものを分けてもらう。卑屈に思えもしようが、何しろ自分では作っていないのだからそれでよいと思う。少なくも威張って取ったり売らせたり、という筋合いはない。また、お金さえ出せばということで、ビールや自動車と同じような商品として農産物を見るのもおかしい。そして私は思う。食べものは農家の食膳の延長の上において考えることが大切なのだと。

汚染――現況から㈢

そして三つ目の農産物汚染問題である。

この問題は農薬汚染によって代表されてはいる。チッソ肥料の多投による硝酸塩の危険性（ナッパなど)、家畜では餌にまぜた抗生物質の人体への影響など。また、汚染とは違うが、どこかでこれにつながっているビニールの遮光によるビタミン量の低下、リンゴやトマトなどの人工着色、キウリをまっすぐにするなどの不自然な手段のいろいろ。誰もが思いあたるものだけでもあげればいろいろである。

汚染とひと口に言ってもその根は深いし広いし、そして歴史の中にも長く尾をひいている。簡潔に言ってみることにしよう。

歴史をふり返れば——かねて祖先から引きついできた農家の農法を、大いそぎの近代化の過程で西欧の農学から学んだ化学肥料の知識を軸に一新しようとすることからそれは始まった。それは大正から昭和にかけて国の官僚機構と大学が一体になって推進され、上意下達方式の貫徹によって成果をあげた。戦争はいっそうこれに拍車をかけ、戦後の食糧政策、ついで近代化政策と、仕上げは完璧の有様。かくて、化学肥料・機械化・家畜のいない農業の体系ができ上がる。

現在までのところ機械での耕やし方は、土の構造を悪くし、根のまわりの酸素、バクテリア、水の状態を悪くし、そのマイナスをさらに化学肥料などで補えば、作物は大きくは育っても抵抗力は弱く、農薬がそれを助けることになる。チッソなどの栄養を手段をつくしてたくさん食べさせ、無理矢理に大きく育て、病弱でたおれそうになれば農薬散布というカンフル注射をする。それが汚染のメカニズムである。

すべて官制と学問による圧倒的な上意下達が土足で村里に農家に上がりこんでの結果である。それをうけいれた農家の主体性のなさをあげつらってみても仕方がない。官僚への弱さは農家だけのことではなかったように思うからである。

官と学とあげての上意下達とはいうものの、その成果への朝野をあげての期待と称賛があってこそそれが可能だったということにこの上ない根の深さを私は感じるのである。それは直接的には「冬でもトマトが食べたい……」という都会の人間の意識のもちかたに発するものであろう。つまり、虫の食ったナス・土や葉のついた大根・曲がったキウリ・人工着色しないリンゴ……、主婦団体がその方が自然でよいというので店頭にならべたが結局売れなかったという今日の消費性向、そういったことに由来しよう。

農薬の多用はこうした都会とのかかわりのもとでつくりあげられた農耕の全体的な組立て（そこには農家の生活の仕方までが組み合わさっている）の結果であり、それを知れば、一面的に無農薬を都会から唱えることさえためらわれる。無農薬栽培をという提唱は、都会から出ているだけに、自分を全的に被害者の位置におき、農家の人たちをもっぱら加害者にしてしまうことになりそうだからである。トラクターや鍬での土の起こし方、播く種の品種の選び方、家畜を飼う飼わない……と、あれこれ何もかも変えていくことによってようやく農薬を減らしていくことが可能になる。農薬だけいきなりやめてしまえというのは、農家に暮しのことはどうでもよいからと言うようなもの。それを言う前に（あるいは言いながらでもよい）自己の中にひそむ加害者としての反面を見つめることからはじめたいと思う。

「進歩」ということ

そしていっそう根源的には、農業の進歩の遅さと感じられる状態への都会人間のいらだち、あるいはそれによって日本経済は足を引っぱられている、その保守性が政治の革新を妨げ社会の改革のブレーキになっているといった都市の論理がある。経済面では自分たちが負担者にさせられ汚染では被害者となり、という都会人間の意識はつのるばかりである。

「なぜあの農民たちに進歩を急がせないのか。」

進歩への疑いすら排除してきたその信条にかんして、農家の人たちと都会の人間に差はないかもしれない。しかし、冬のトマト、より多くの食糧、より安い値段などを望んで農家の人たちへ進歩を要請する、そのいっそうの鞭撻を、「国」へ要求し、圧力をかけ歎願する、そういう都会の人の心のあり方と、農家の人たちが自分の畑や田を見つめるときの進歩への心のあり方とのちがいを見分けることは、意味のあることだと思う。それは自分の手で鋤き起こし、その禍も福も自分に戻ってくる状況の中で自分が考えすすめようとする進歩と、村の外から怒濤となってやってくる進歩要因との混濁のなかで、農家の人たちが持つ心の内を察するということである。

民衆なる都会の人間一般が思う農業と、いっそうの労働力と土地の供給者としての農村・農家への期待の実現を国にせまるような「資本の論理」とは本来決して同じ質のものではないのだが、にもかかわらず、村里・農家の縁先におよべばほぐしようのないほどに一本のものになる。そう思えば、やはり農業問題は都市民自身の内なる問題でしかない。

「思想の科学」一九七六年八月号

兼業

一通の手紙は私にとって確かに一つのショックであった。

耕やしながらものを書き講演もしてまわる、よく知られた人で佐藤藤三郎さんという人がいる。普通、この人は評論家と言われているのだが、自分の家の田畑を自分の手で耕やしつつ発言をするという点では、庭先の十坪農園でなっぱを作って得意になっている私などとはよほどちがっている。手紙は雑誌「伝統と現代」(一九七七年六月号)に託して私にあてられたもので、たくさんの内容が含まれていた。

佐藤さんはいろいろの問題にふれながら、結局、村の若い人たちの悩みに答えられる何ものも自分は持たない、と語っているのである。これまでの何年ものあいだ、佐藤さんの住む村やその周辺の村の農家の人たちは、何かにつけて佐藤さんの発言を頼りにしてきたであろうし、その村ばかりでなく、全国各地の村々に佐藤さんの書いたものを読んで元気づけられてきた人が少なくなかった。

その佐藤藤三郎さんに、「いま私は何も言うことはできない」という趣旨の手紙を書かれたのでは、私など、さらに何も言うことはできなくなってしまう。その手紙の中で、佐藤さんはいわゆる兼業問題、あるいは出稼ぎ問題についてもふれている。

「これまで、政府は何年ものあいだ出稼ぎをしなければならないような政策をすすめてきたし、学者やジャーナリズムもその点では同じ立場で農村にむけて発言したり教えてきたりしたというのに、近ごろでは土づくりを大切にせよ、堆肥をつかい、農薬をつかわない農業にせよなどと言う。そういう『よい農業』をするには、出稼ぎをしないで家にいなければならないことになる。だが、そんなことをしていたのでは農業の採算はとれないし、だいいち食っていけないではないか。自分は何といわれたって、農薬と化学肥料と機械化で農業をやり、農閑期を少しでも長くしてそのあいだは農外で稼ぐのだ、それがなぜ悪いのだ。」

かいつまんで言えば、佐藤さんにむけて村の若い人が投げかけた、兼業問題に関係する発言は、こういったぐあいであったようである。

私もまた、若い人たちがこうした問題意識を持つことは多分に納得できるし、この設問にたいしてどうすべきだなどとは、とうてい言えそうもない。そういう点では、佐藤藤三郎さんと同じ気持だ。兼業のチャンスが得にくくなったいま、政策を行う立場にある人が「兼業に出るよりも家にいて、よい農業をやれ」などと言うのだとすれば、まことに無責任な自己正当化の姿勢だと言うよりほかにない。これは、兼業問題をいま、考えるについて、まず関心を持っておかなければならない点だと思う。

さて、少々理屈めいたはなしにもなるが、一度は考えておいてよいと思うことがある。

兼業農家について、その動向を統計で分析したり、その分析の結果にもとづいて、今後の兼業問題のありかたとかその本質を論じたりというようなことが、たえず行われている。そして、第一種兼業農家からさらに第二種兼業農家になれば、もはや本当の農家ではないといった論じかたも今日では常識となっている。しかし、私にはむしろこの論じ方は少々異常なのではないかと思えるのである。兼業農家というかたちは、本来の農家のかたちからすると特殊なもので、つまり非農家的な方向にむいているとするこの見方は、結局は「兼業農家」をゆがんだものとして見ることをも常識としてしまう。その結果、いわゆる「兼業農家」の人たち自身も、自分とその家族を普通とはちがう農家だと思うようになっていき、自分の家の農業についても、本来的な農業の方法とはちがった、いわば便宜的な農業でやっていけばよいといった気分になっていく。

ある農協で、組合員の畜産班とか果樹班とかの組織の中に兼業農家を正会員として加入させないようにしているのを見たことがある。その組合の専門班の会議に私も加わったこともあるが、一五人ほどの中に一人だけ兼業農家の人が座っていた。その人は片すみにいて発言もしないし、他の人もその人の発言を求めようともしない。何となくいづらいような感じなのである。

農耕の生活とは本来兼業的な部分を多かれ少なかれ備えてきたものなのではなかろうかと私は思

っている。人間が農耕の暮しの中でその必要を満たすためにいろいろの試みをくり返しているうちに、いつしかたくさんの分野の生産活動を自分たちの中につくりあげてきた。それら生産活動のいろいろを大きく分けてみれば、農耕そのものと農産物加工ということになるが、農産物に限らず木や竹や石に加工して生活と生産に必要なもの、たとえば鍬や鋤《すき》の柄や籠とか笊《ざる》とかいうものも生産してきた。それら加工の分野は、本来農耕生産の延長として行われて来たもので、畑で綿を作り、その収穫物を紡《つむ》いで糸とし、これを機にかけて木綿の織物にする、といったぐあいである。

やがて時代が移りかわり、町に工場ができ、そこで農産物加工が行われるようになる。これが進行していくに応じて一つ、また一つというあんばいに農家では農産物の加工をへらしていく。こうして今日では、農家の多くは大方の農産物加工を手離してしまった。経済学では、これを「社会的分業の進行」などと言っている。それを進歩などと言い、社会的分業の行われていない状態を自給自足などと言って、未進歩のものとして扱うのが普通である。ただし、ここでは経済学を問題にしているのではなく、農家の生産と生活における兼業の問題を考えようというわけなので、「これは社会的分業だ」などと言うだけですましてしまうわけにはいかない。

ひと口に言えば、人間が大地ととり組みながらつくりあげてきた農耕というものは、いま見てきたような農耕外の仕事とのまことに合理的な組合わせの中で成り立ってきた。ここで念頭におかなくてはならないことは、いま農作業は機械とか化学肥料とかの渦の中にあるにもかかわらず、実は種をまき刈りとる時期については、それほど大きな変わり方はなかったということである。またこの地球上に起こる四季の移りかわりにそって循環する農耕の姿に基本的な変化はなかったということである。

そうした季節性や作物の成育の時間的な特性にそって農作業が行われてきたし、それとともに、多種類の作物がそれぞれに持つ成育過程上の特性や作業の性質や形、あるいは強度、それらが輻湊して田畑や野山での仕事の様相を構成する。そういうわけで、自然とかかわりつつ生活し、生産する日々は、時間的にも空間的にも非常に複雑に精密にくみたてられて展開していた。それが過去のそして本来の農家というものだったのである。

この流れと組み立てにまことにたくみに組み込んで行われてきたのが諸々の加工業である。綿を紡ぐ・機《はた》を織る・縄をなう・むしろをあむ・俵を作る・味噌醤油を作る・漬物をつける……あげていけば限りのないことで、家々の老若男女すべての人たちが、その能力に合わせてこれらをじょうずにこなす仕事が、農耕の仕事の複雑な組み立てと流れの中に組み込まれていっそう農業の仕事を輻湊させている。

近代社会は高度で複雑になっていくかのように言われているが、それは社会全体を一つの単体として見たときのことで、一人一人の働きや生活を対比してみるならばかつての農家にはとうてい及ばない。

さて、この輻湊関係に組み込まれていた加工の仕事の部分が今日兼業化といわれている部分に相当する。そこが大事なところなのだと思う。しかし、相当するといってもそれはかつて自分の家の家族が着るために木綿を織っていたものを、こんどはいわゆる兼業のかたちで町に出て工場で作ってくるということではない。そういう意味なのではなく、農家生活の中に組み込まれていたもろもろの仕事のうち、機を織るという部分が一つあいてしまう、ということなのである。むしろを編む部分もあく。醬油つくりの部分もあく。近代化過程において、とりわけ高度成長過程を経ながら、「あき」の部分が一つまた一つとふえていき、農家生活の時間的な流れも空間的な組み立ても、まるで乱杭歯《らんくいば》のようにすき間だらけになってしまう。こうなれば、このすき間の部分は何らかの方法で補わなければならなくなるのも当然であろう。ここに農家が兼業出稼ぎをしなければならない根本の原因があるのだと思う。

しかも、これに加えてさらに兼業をひろげなければならなくさせている事情がある。専作化である。専作化は基本法農政以来、大いにすすめられてきたものだが、専作化の進展で「あき」の部分が拡大するためにさらに兼業化が促進されるのである。

このように見てくると、本来専業農家などというものはあろうはずがないということになる。にもかかわらず現にそれが存在しているということは、兼業農家とは異った意味で、専業農家がそれなりの農業的な無理をしているということなのであろう。別な言い方をするならば、農業的なゆがみであるかもしれない。ここから兼業農家の方が無理のない農業をしているという逆説が成り立ちさえしよう。しかし、もちろんこれは単なる逆説である。

農家の兼業拡大要因は今後もなくならないと思う。そういう方向で考えるとき、兼業農家の農業を不合理とすることは誤りだと思う。むしろ、「筋の通った農業」を維持しようとすることが兼業を農家の人たちに行わせるのだと考えるのが妥当なのだと思う。

そして、兼業をへらす方向で考える道があるとすれば、それは「あき」のより少ない農業にしていく、ということよりほかにはあるまい。ただし、これは農家の人たち自身が自分でどう選択するかによることなので、農外の者がかけ声をかけるようなことではない。

「農業普及」一九七七年七月号他　原題「兼業を考える」

社会主義を農村で考えると

一

今日から社会主義です、と言われて、私の友人なるAさんやSさんやKさんなど農家のおやじさんたちは、どんな顔をするだろうかと、走る新幹線の天井の隅を見つめながら考えていた。いかん、また同じ溝にはまり込んでしまった、そう思って自分をその想念から引き離そうとするのだが、引き離しきれないうちにまたもとにもどってしまう。そればかりが気になってしようのない今日このごろである。どんな顔をするだろうか、と思うよりは、何と言うだろうか、と想定すべきだという意見も聞こえてきそうなのだが、私にはどんな顔をするだろうか、が何よりも気になる。この人たちときたら、それぞれに、表情ですっかり相手を拒絶したり、受け入れたりしてしまうので、口で言うことよりもその方がたしかなのである。

Aさんや Sさんや、……の農家のおやじさんたちと長い時間あれこれと農耕のことを語り合って何年も何年もたっているのだが、今思い出せるかぎりでふり返ってみても、社会主義が話題にのぼったこともないし、社会主義ということばをつかったことさえ思い浮かばない。

それ以上に、今気がついてみると、AさんやSさんや……の人たちと対面していたり車座になったり田畑のはしに立っているときに、私の中に社会主義という言葉が発想として湧いてこないのである。

私が社会主義について口にすることを拒んでいるのか、そうもいえよう。しかし、もっとたしかさをもって言えることは、実は私の中にある彼ら農家のおやじさんたちが、私の中でその動機を与えないようにしているということであろう。「社会主義」、それを口にしてみたくてしようがない私であったし、身のほど知らずにも農業のことを考える方向に自分を向けさせたそもそもの動機が「農民解放」（「嗚呼」）であり、そのための「社会主義を……」なのであったのだから。いつからか言わなくなっているのに気づいた今、ちょうど三十七年目である。開眼が社会主義なのか、それを口にしなくなったのが開眼なのか。

二

社会主義というはなしに一度は乗ってきそうな人は、と考えてみるとSさんがいる。いつか、十人ほどの車座のなかで、「オレ、新聞はアカハタにしたんだ。あれが一番本当のことを書いてるから」と言っていたから、というだけのことである。しかし、このSさんのひとことを社会主義に結びつけるのも性急にすぎるはなしではある。「赤旗」という新聞を、名を聞いただけで社会主義に結びつけてしまうのは都会のインテリの勝手である。日毎しいたけのほだ木を組み、大型基盤整備事業という官制の仕事ですっかり使いにくくなってしまった田んぼを、なんとか自分になじませようと、切り藁や、近くの部落で捨て場にこまっている牛糞を入れては田の土をこねくっているこの人のからだの中で、そんなに単純に社会主義が結びついてくると考えるのは、やはり都会の人間だからかもしれない。

Sさんは、四年ほどまえに川を越して移住してきた。越してきた理由は子供の学校のことである。彼の家は、ひと昔前に、川筋が大きくかわったとき部落から切りはなされて川のむこうに残ってしまった。ところが彼の田畑はおおかた川のこちら。彼は二十メートルもある川を渡っては耕やしにくることになる。学校の区は、彼の家の側なのだが、そのあたりに家はない。学校も遠いし、学校区の中での家どうしのつき合いはほとんどない。そこで彼は大決心をして金をためもし、借金もして川のこちらの田の一画に家をつくったわけである。なしうる限りの倹約をし、得られる限りの収入源を求めてやってのけたこの仕事は、部落のみんなの支えがなければとてもできることではなかった。そんなはなしをしながら彼は「部落って大切だな」と言い、「百姓やってるってのはしあわせだな」と言う。鋭い目が実感こめてほころぶ。

田植えのまっ最中に彼の家を訪れたことがある。昼食後のひる寝の時間であった。やがてあらわれたSさんは、やっと眼を開いているという眠そうな顔なのでこれは悪いことをしたと思ったのだが、そのSさんのズボンの股から下は、土がべったりとついて半乾きになっている。このままで座敷に上がり込んで寝ていたのかとびっくりである。土はもちろん田の土であろう。そして、くるぶしから下の爪先までが綺麗な肌を見せていて、それがとても印象的である。

三

Sさんひとりのことよりも農民層分解がどうなっているのかを統計分析をした方が気がきいている、という声が聞こえそうである。そういうことは私も言ったことがあるし、またそういう分析の仕事を長いことやってきもした。だが今、十万戸百万戸を単位に農家を束ねてみることよりも、ちょっとこわい目、やさしい口もと、どろだらけのズボンのはしからSさんの見せている綺麗な素肌の一部分のほうがずっと大切だと思うのである。

社会主義なんていうのは大変なことだ。いつのまにかその時代がきてしまったということならばともかく、人がその意志で世の中をつくりかえようというのだから、Sさんのことをもっともっと深く時間をかけて思ってみることをした上でなくてはならないし、そのあと、Aさんのこと、Kさんのこと、ぐらいまでは同じように時間をかけてやってみなくてはならない。その上で、さてそれならばとおもむろに農村と社会主義について考える、ほんとうはそうしたいところなのだが、ここでは、そこまでの勝手は許されない。

それはともかくとして、AさんやSさんやKさんがすぐに気のつくことではないかもしれないが、

「今日から社会主義ですよ」と言われて暫くして見ると、それ以前とちがったようなことがらについて、抵抗するか拒むか従うかしなければならないことになるのではないかと、この人たちの日常を見ながら思うのである。ただし、そうしながらも、それ以前にくらべて確かにしあわせになっていたり、心がゆたかになるというあんばいであったりすれば、そういう社会主義ならば捨てたものでもないとも思ったりする。

この人たち農家のおやじさんたちは、金がいるからと出稼ぎに出るようなこともあまりせず、だからといって五町も十町も二十町もの田畑を人をやとったり大トラクターに大コンバインでやって、出る金も多いが入る金も多いという、ときどきテレビや新聞で「企業的経営」などと肩書きを付与されるような人たちでもなく、また、そうなろうと志している人たちでもない。ただただ、かねて耕やしてきた畑や田を昨日も今日もと耕やしつづけ、土や草や馬や牛の中に生活を置き、それぞれの営みのかねあいがよりうまくいくようにと手を施して播き育て刈り、食べ、牛や馬に食わせ、売って金にし、という営為の連続なのである。一体なにが目的でと言ってみてもはじまらない。ただこの秋に確実に稲に穂が出、実をむすぶようにと春に必要なことをし、その春のために前の冬、あるいは秋に、こやしを積み込み、灰をつくり……、していく。いつがはじまりともいえずいつが終わりともいえぬ、あれこれ二十種類三十種類の作物の順ぐりの作付けと栽培の、さまざまで数えきれない種類の組み合わせ、噛み合わせ、配列である。それは一年でひと周りするというものではない。三年、五年あるいは七年という、都会の人間からすれば、まことにまだるっこいような周期である。その周期も、あの畑この畑、あの田この田と必ずしも同じではないし、ある年に同時に一斉にそれぞれの周期がスタートするわけでもない。

周期はそれぞれにずれあって複雑の上に複雑を重ねている。それを一つひとつ解きほどくでもなしに複雑のままにとり組む。そこがうまくいくのは、作意半分であとの半分は自然生の営みにまかせるからであろう。そこを祖先に学び部落の中で知り、自分で考え、うまく生かさせることができれば、それがこの上なくしあわせに見えるし、Sさんなどは口に出してそう言いさえする。

並みの「社会主義者」は、ここまで読めばおよそうんざりであろう。うんざりしないようでは、ほんものの社会主義者とは言えない、ということでもあろうか。Sさん、Aさん……、そういう手合いが社会主義への道のさまたげになるのだ。そう私も思うが、もしもそうだということがはっきりするならば、この人たちにとってそれは必ずしも望ましい社会主義ではないということになってしまう。それならば、この人たちにとって望ましい社会主義というものがあるのだろうか、などと考えてみるのもここでの私のつとめの一つになるかもしれない。しかし、そのことにあまり希望は持てないように思えてしようがない。なぜならば、社会主義というのは、どう見ても多数者の幸福を大義名分にするものであるにちがいないからである。

Sさんやさんやさんやという農家のおやじさんたちは、私は少数者だと思う。農家の数は決して少ないものではない。しかし、足し合わせた数が多ければ多数者になるのかといえば、農家にかんする限りそうはいえないように思う。また、多数者であるなどと無理に意識することもなんのプラスになることではないのだと思う。村内《うち》・部落・隣近所、それだけの間柄で、つまり自然に、無理なく暮しと生産に共通性を感じる間柄、彼らの仲間うちとはそれだけのことである。そのむこうに村がありさらにそのむこうに村があるということについて知る機会があるとしても、それを無理に仲間だとか共通の利害関係者だと思いこもうとしたり、また誰か弁舌さわやかに説きまわってひとときそう思うようになる人が少なからず出て来ることがあっても、とりわけよいことが起こるというふうにも思えない。

村の文化、村の思想というものは、村の内にむけて、きめこまかに積み上げつくられてきたものであり、そこは都市の文化とはちがうように思う。もっとも、都市の文化が外に広がるものなのだとしてのことなのだが。また、農家を多数者として意識し行動する主体が、ある成功をおさめたときにつくるとりまとめの環は、常に大きな都市にすえつけられてきた。中央の環と村々の環との間につくられたパイプの中を通じるものは、もちろん大きい都会から村にむけて流れる。文化・商品……と、とめどなくである。

プチブルと言うなかれ、いやそう言っても一向に差し支えないのだが、SさんやAさんは、プチではあるかもしれないが、ブルなどとはまことにこっけいなはなしである。

四

ついこのあいだ、Aさんはこんなことを言っていた。農政に何かを求めるなんていうことはもうやめにした。どうがんばったって防ぎきれないようなものがおれたちの村に侵入して来ておれたちが本ものの農業やって本もののトマトや米や芋を食おうとするのをかきまわしていく。だけど、田んぼや畑はおれたちが耕やしてるんだろう。こいつは誰にもどうすることもできやしないさ。裏には部落の山があるしさ、部落の前には小さい川が流れてさ、少しむこうには阿賀野川の上流のかなりでっかい川が流れていてさ、これだけあれば、あとは自分でちゃんとした農業できるじゃないか。やれないなんてはずはないよ。べつに自分一人でやれるってことじゃないけどな。部落があればやれるし、いやだって部落はあるんだものな。だからってな、部落で団結してなんて力むこともないさ。団結だなんて騒がなくったって、部落ってのは良くも悪くもしっかり出来てるもんだよ。何しろ長い歴史持ってるんだからな。あとは女房だのおやじだのおふくろだのがいるしな。何も困ることはないよ。

この言葉をここでこうして伝えれば、こんなことでは進歩はない、という声と、こういう言葉を喜んで伝えようとする私を小農主義者でありファシズムに寄与するものだという声との二つが確実に聞こえてくる。進歩。たしかにこれまで一般にとなえられた意味における進歩はないといってよいかもしれない。しかし、サルトルやレヴィ＝ストロースなど遠くの人を例にあげるまでもなく、私たちの身近に進歩の意味への疑問が真剣にかわされていることについて、社会主義を考える人は関心をもってよいのではなかろうか。

荒廃をともなうような進歩について、それは必要悪だ、とうそぶいていてよい時代はとうのむかしにすぎてしまったはずであり、社会主義を考えようというのであれば、このことについて社会主義なりのたしかな答を用意しておくことが、避けようもなく求められていてよいのだと思う。

Aさんや Sさんは、荒廃をともなう進歩の被害者として、その被害を最小限にとどめるべく生活と生産の一体になった日常の中で行動している。もとより、その行動をすばらしいなどといってほめたたえるほど私も人がよいわけではない。Aさんや Sさんや Kさんにくらべれば、大都会に暮す私などは、はるかに大きな被害者である。しかし、荒廃を全身に受けながらも荒廃にともなう進歩に大きく寄与し、また、進歩の所産なる文明にあずかるということでおすそわけのいくらかを頂戴してしあわせがっているのが都会の私たちでもある。だから、へたをすると、社会主義をすすめようとする都会の方の頭脳の中には、「必要悪」の論理でいこうとするむきも出てくる可能性があると私は思っているのである。可能性というよりも、かなりの確かさをもって、そうなっていると言ってよいようにさえ私は思うのである。

その方が、都市では大衆うけがするということもあろう。それは当面する政治の次元のこと、たとえば選挙の一票の数という問題側面からそうなってしまうということでもあろう。しかし、より本質的には、社会主義の成否が工業力達成度を指標とするがゆえに、より大きな目的の達成のためには荒廃もやむをえない、権力さえ奪取すれば容易に解決しうる、とする意識が読めるのである。「追いつき追い越せ」という巨大社会主義国のかつてのスローガンに情熱こめて喝采を送った何十年か前の自分を思い出さないわけにはいかない。竹内芳郎氏の「つい最近まで、資本主義にたいする社会主義の優越性の最大の指標は、そこでの生産力発展のテンポの速さにあるとされていたのであって、『一九七〇年までに、生産力水準でアメリカに追いつき追い越してみせる』というのが、六〇年当時のソ連指導者フルシチョフの豪語であった。最近は、さすがにこうした言葉は聞かれなくなったが、それも、生産力についての思想がより深まったせいではなく、ただ端的に、追い越すことをあきらめたせいのようにおもわれる」(『国家と文明』)という一文が目についたりもする。

そしていま気づくことは、少なくも今の時点にあっては、社会主義成って人類成らず、とくりごとを言わなくてすむように社会主義を考える知性を求めてみたいということである。

五

「都会の人はAさんよりずっとひどく荒廃の被害者になりながら、その荒廃をつくり出す進歩に寄与し、進歩の利益のようなもののお余りにあずかって喜んでいる。そこに『必要悪』の論理の土壌がある」とのべたが、AさんやSさんのほうでこの「必要悪」の論理が生まれて来にくいのは、つくることと暮すこととが一緒だからなのだと思う。どだい社会主義の世の中を作ろうと考える発想は、これまでにかんする限りでは、「つくる」と「暮す」とが分かれているところから生まれるのであろう。プロレタリア範疇とはそういうものなのであろう。

ところが「つくる」と「暮す」とが別であることの意味を現在の経済学の理屈からはずれたところで考えてみれば、プロレタリアート範疇といわれるものに、ある種の影があることが見えてくるのである。そういう取り組みかたがほしいのである。つくる場所に出勤すれば、進歩・荒廃の必要悪の論理にのって行動し、暮すところに帰れば荒廃の被害者となる。この分離が進行することで「追いつき追い越せ」の貫徹がすすめられるとするならば、社会主義者は自然とSさんやAさんのことをとうてい許しがたいという気持になり、許さざるように行動することになるにちがいない。ほかに論理がないのであれば、そこは避けられないということになろう。

田んぼや畑があってそれを耕やしているのだから、何がどうなったって大丈夫、ということで農耕を続けられたのでは、せっかく社会主義になっても何の効用もないというものかもしれないが、もしも社会主義をすすめる人たちが、くやしいと思いながらもAさんやSさんやKさんたちに、あなたたちはこの農耕をつづければよいんだという調子で、そのままにしておくのだとすれば、その社会主義はこの人たちにとってめいわくなものにはならない。またそういう社会主義をすすめる人たちがあるとすれば、私などはその人たちにこの上ない知的素養を感じるにちがいあるまい。なぜならば、それが、都市で社会主義的な暮しと仕事の中に身を置くにちがいない人たちにとって、その食べものの問題において一番安心してよい事情がそこにつくられるからである。

六

そういうことであれば、社会主義とは都市だけのことみたいにも見えようが、決してそういうものでもないのだと考えられまいかと思う。

そしてもう一つ大切なことは、AさんやSさんやKさんのように一軒一軒でのどかにやられていたのでは経済的にマイナスだと思われる可能性も充分あるのだが、農業で量の生産を志向することが、間違いなく農業を荒廃に導き、それが都市人間の命の心配のもとになることは、資本主義下にあって完全にテストずみである。ていねいすぎるほどに試行錯誤を重ねてきてもいる。それはやり方の問題なので、社会主義的に計画的にやればきっとうまくいくと反撥があるが、こういうことはどうであろう。たとえば、今の農政のことばでいう専作、それにもとづく主産地形成、平たく言えば見渡す限りをキャベツ畑にし、一枚の田をうんと大きなものにし、あるいは巨大な牛舎をつくって五十頭百頭二百頭と飼う。これをすすめる政策的な契機はたしかに資本主義国家の論理であり、とりわけ高度成長意識によって促進されたことではあるが、その結果、農業を荒廃させていったものは資本主義の論理だとかたづけるわけにはいかない。農業のもっている本来的な論理の歪曲がもたらした結果なのであって、考え方や体制が変わることで結果を変えることができるというものではない。

七

さて、畑や田があってそれを耕やしているのだからというAさんのことばの中には、社会主義の論理にとって大切なことの一つに抵触しそうな点がある。土地の所有ということである。いま、所有という問題について多くを論じる余裕はないが、社会主義をすすめようとする頭脳の中では、当然のこととして土地国有化が浮かんでくる。いま、農耕する人とその耕地とのかかわり方についてだけ考えることにする。

古くさかのぼれば、大和時代の律令制下の公地公民の制がある。ここで一種の土地国有化が行われたが、このばあいの国有は、農耕地や林野の共同体的な占有の上に成長しようとした古代専制支配である。いっぽう社会主義の土地国有の概念は土地の「私的所有」に対するものである。都会の土地では私的所有が成立していてその否定の上にこの土地国有の概念が一応成り立つ。だが畑や田については、そこはもうひとひねりして考えておきたいように思う。

Aさんの田、というとき、Aさんと彼およびその家族が耕やす田の間柄を示す「の」の字に「私的所有」という字解を与えてそれだけですましておいてよいかどうか、疑わしく感じるからなのである。

Aさんと私の対話。

「おれの家の田んぼはな、おれが耕やしている間だけおれのうちの田んぼなんだなあ、きっと。」

「ふーん？」

「息子の代になっても同じだな、それは。」

「耕やすのやめるときは？」

「耕やすのやめないもん。だけど、やめるとすれば、そんときは、返すんだな。」

「売って金にすればいいじゃないか。」

「預っているもの売っちゃうわけにはいかない。おれの品物っていうわけじゃあないからな。」

「どこに返すんだ。」

「どこに返したらよいかわからん。」

「……」

「部落かもしれないな。ここは、部落の土地だからな。」

「どうやって返すんだ。」

「いまは、部落じゃ返すったって、そういうふうにはなってないな。」

「むずかしいな。」

「むずかしくはねえ。結局耕やすのやめなきゃいいわけだからな。」

Aさんのなかにあるこの戸惑いと確信の相克を、単純に所有の問題だとしてぬりつぶしてしまうわけにはいかない気が私にはしてくる。Aさんが「部落に返すのかな」と言うとき、それは、畑や田に関する限りなのだが、それにしても、所有という概念を根底から否定してみせている。そして、それならば、この田んぼを耕やすのをやめたとき、どこに持っていったらよいのかとなったときのとまどいを、「耕やしつづける」のひとことで払拭しようとする。なにしろ、すべて私的所有でとりまかれているそういう世界でこのことを考えなくてはならないのだから、そこは彼としてもつらいところである。

「そこは土地国有が解決してくれる」……?

おねがいだから、その粗雑な答の出しかただけは急がないようにしてくれまいか。なにしろAさんは「所有」を否定しているのだからである。この畑と田は誰のものでもない、と言っているのだからである。だというのに勝手に、「だから国有でよいじゃないか」では粗末にすぎる。国が持つということは、誰かが持つということなので、誰のものでもなく誰も持つことができないということの代わりにはならないのである。

蛇足になるが、畑や田の私的所有という概念は、明治維新になり西欧で形成されていたらしいものを移入して地租改正とか民法とかをへて日本むけに塗り変えたものなので、民衆自身がその歴史のなかで唱え闘いつくり上げたものではないことを承知しておきたい。そして範疇として成立してもいない耕地の私的所有を、進歩的学問の分野さえが手をかして動かしがたいほどに既成事実にしてしまったのがあの「農地改革」だったことも確認しておきたい。

「思想の科学」一九七七年八月号

土地を「所有する」とは――

土地を商品として扱ってはばからない連中が多くなったのには寒心のほかない。とにかく何でも商品にしてしまう私たちの国のことだから仕方がないようなものでもあろうか。

ちょうどこの話題で友人と語りあった喫茶店でのことである。コーヒーが、モカとかブルーマウンテンとかの、いわば豆の銘柄別のメニューのほかに、淹《い》れ方別のメニューというのもある。ウインナコーヒーとか何とかいうあれで、八種類ほどある。店のお嬢さんにそれぞれの違いを聞いていったら上から四つ目までしか答えられない。友人はメニューの三番目のを頼んだ。私は、「単なるコーヒーでよい」というと彼女は「エッ？　タンナルコーヒーで？」とメニューをのぞき込む。ただ「コーヒー　百五十円」とある欄を指さして笑いあう。わが友人の前に運ばれたのは、私のより立派な台つきのコーヒー茶碗らしいもので、ニッケル光りのした二つのポットをそれぞれ右左の手に持った店のお嬢さん、左手のポットからは牛乳、右手のポットからはコーヒーを同時にそそぐ。

おおむね同量ずつ注がれるので、茶碗の中にはコーヒー色の牛乳が出来た。名づけてカフェオーレ。価格二百五十円。

ロンドンのホテルの朝食で注文のコーヒーが届く。ボーイがポットを二つ持っている。「ミルク？」とボーイ。「はい」と私。出来上ったコーヒーを見て隣の日本人に言う。「なんだ、これじゃミルクコーヒーじゃないか。人を子供扱いにして……」。いま、私の前で不思議そうに茶碗をのぞき込み、そしてひと口やった友人のその特製高級コーヒーこそまさにあれだ。

もちろん、私は友人にその話をせずにはいられない。そして「要するにミルクコーヒーだね」というと彼「要するに、そうだ。」カフェオーレとは……。どこから持って来たのかしれないが、「日本は、何でも商品にしてしまう国だからね」で笑っておしまいである。

「とうとう土地までも商品にしてしまった。」そう最後につぶやいたとき、親愛なるわが友はいぶかしがった。

「土地？　土地は商品じゃないか。カフェオーレなんかよりもれっきとした、ちゃんとした商品じゃないか。」

「ミルクコーヒーをカフェオーレと名づけるようなことにくらべて、土地はちゃんとしたものだ、というところまではよいけどね。商品だ、という点はおかしいんじゃないかな。」

土地は、それを商品として認識するかしないかという認識のちがいによる、といったものではない。土地は商品ではないのだ。だから認識の違いなのではなくて、認識の間違いがあるのだと思う。

なぜなら、土地は地球の表面に一枚しかないものなので、二つと作ることができないものだからである。神でさえ土地を二つ作ることはできはしなかった。工場で作るようなぐあいに人間が土地を製造できるものではない。

土地には価値がないことをマルクスは教えたが、それは、土地以上に価値高きものはないことの教えと同じである。

土地を商品として認識することの背景には、土地の私的所有という概念が横たわっている。私的所有——つまり私有物としているということは、処分も自由、ということになる。処分が自由だということになれば、土地を商品として考えるのに不足はない、ということになる。

欧米の都市では、建てた住宅の日陰が冬の日ざしに細く長く隣家のおもて庭にさしかかるようなぐあいになれば、それがたとえ道路ひとつへだてていようが、その人は家の設計を変える。よく聞く話である。土地の境を道路側にせよ何にせよ、生垣にしなくてはいけないという約束があれば、その約束ごとの法的な根拠などを問う人はない。黙ってその約束に拘束される。がまんをする。これらの約束事は紙に書かれてもいないし、法律の形をとってもいないし、罰則も、少なくも形あるものとしては設けられてはいない。

法の許す限り自分の土地で何をしようが勝手だ、そう常識化されている日本と対比するとき、かの国では、土地の私的所有はあっても、私有物だからということでストレートにそれを商品として認識してよいとされている私たちとはちがった常識が働いてるな、と、くやしいくらいである。

「こいつはね、たんなる道徳の問題じゃあないようだぞ。」

そうつぶやかせる何かがある。

彼らこそが、土地について私的所有の概念を打ち立てたのであり、日本などはそれを明治になってから頂戴してきたようなものである。だというのに、「オレのもの」というそのものが土地ということになると「オレの」のの字に持たせている、私たちの知らないもう一つの何かがあるように思えてならなくなってくるのである。

「オレのものだがオレのものじゃない。」そう言った感じかもしれない。

もう少し形をととのえて言えば、土地というものについては、私的所有はその私的所有と対立する何かと併存しているのではないか、ということになろうか。その何かがあるために、商品一般と同様の百パーセントの処分権を行使できない、という事情が土地にはある、ということのように感じられるのである。

何でも金にしてしまうということで世界的にも認知されているこの日本という囲いの中に身を置いて、このことについて考えをめぐらせるのは決して容易なことではない。私たちが日頃聞きなれた言い方をもってするならば、土地にかんしては、

「金にならない部分がある。」

といったことになるのだからである。

私的所有という概念は共同体的所有の否定の上に成立した概念である。だが、この、つきつめた部分だけを気軽にうけとめてしまうと、とんでもない間違いが起きてしまいそうな気がするのである。

アイスクリームが、その製造行程で原料の牛乳を否定したときできあがるのだということは、アイスクリームを食べているときには考える必要はない。にもかかわらず、アイスクリームを食べるさい、そのもとの牛乳をも食べることは拒めない。

つまり、土地がいま私的に売買されているからといって、それがもともと共同体的所有であったことを、忘れてはならないのである。

不幸にして、日本でその間違いがおかされ、積み重ねられてきたのだ、と私は思う。

共同体的所有の否定が私的所有を生む、という論理は外国から移植されて来た学問的知識とでもいおうか。その結果できあがったものが近代国家における所有の形態なのだとするならば、それを頂いて早造りの近代国家の詰めものにさせていただこうというわけである。よそでつくられたものをそっくりそのまま頂き、旬日をへずしてあたかもわがオリジナルのものとする、そのことに実行型の人間であることのあかしを置くということは、どうやら先祖の代からのもののようである。かてて加えて、明治の識見は、それをサムライ型に実践したと言えばよかろうか。

ところで私的所有だが、外国で、共同体的所有の否定の上に形成されたそれを、そっくりできあがった姿で頂くということは、アイスクリームを頂くのとは大分ちがう。というのは、私的所有は理念なのであり、アイスクリームにして言えば、否定された牛乳そのものを抜きにして理念としてのアイスクリームを食べるようなものである。つまり、私的所有を、共同体的所有の否定された姿と質においてではなく、たんなる私的所有として頂くことが、できるのである。できるはずはないのだができるのである。

なぜそんなことができるのだろう。

私は思うのだが、もしも、理念としてにせよ、民衆の意識の中に深く浸透していく過程をへるのだとすれば、やはりそれは共同体的所有との関係でうけとめられざるをえないのではなかろうか、と。つまり、現実に民衆の中に存在する共同体的所有とその外来の理念の接触の上で、そこに何かが展開するかもしれないというわけである。

だが、私的所有の理念の移入はそのようなかたちで行われなかった。ちょうどできあがりのセメント工場や、日本の兵隊に着せるためのフランスの軍服と同じものを作るに必要なラシャ工場をそのまま買い込み船で運んできて深川やら王子やらに設置したあの時と同じ方式で行われたのである。どのようにして。法律によってである。法律の歴史を私が知っているわけではない。しかし、私的所有の理念が、民衆自身の手で、共同体的所有の否定の過程で作り上げられたものでないばかりでなく、民衆自身が意識してその移植をうけ入れたのでもない。まさに上から、である。権力が持ち込み、それを型どる法律あるいは法理念も移植して、世界に類を見ない、くされ縁なしの、単なる私的所有の理念を民衆に押し与えていったのである。明治のはじめの地租改正についても、ここに問われなければならない一番大きなポイントがあるはずである。

部落有林というものがある。そういうものに限らず、田も畑も、農地はすべて部落のものなのだ、そう私は思う。二〇軒か五〇軒か、部落のわだかまりの中の一戸である農家、彼は田畑それぞれ何十アールかそこいらを持つ中位の耕作の主である。そういう、部落の皆のなかで生産し生活している（ここのところが大事なのだが）一戸の農家の耕やしている田のうちの一枚、それが三アールか三〇アールかはどうでもよい。そういう生活と生産の循環の中にある一枚の田として認識することによって、それが、農家であるAさんの田であると同時にそれは部落の田だという、いわば所有の二元性を持っていることを確認できるのだ、と私は思うのである。

もちろんこれは現代でのはなしである。

私的な土地所有は共同体的所有の否定の所産だという公式の輸入で満足しているわが国では、私的所有つまり「Aさんの田だ」という関係があることは、共同体的所有つまり「部落の田だ」という関係が必然的に消えていなくてはならない、と考えることになってしまう。白、然らずんば黒、なのである。

「こいつは、日本の学問の幼稚さを物語っているというのほかはないな。」

ここまで話を持ってきて不遜にもこうつぶやく私である。白と茶をまぜあわせたミルクコーヒーの高価なやつを、ビン入りの駅売りのなら一口にあおってしまうにちがいないわが友人、高価さゆえにであろうか、そのカフェオーレなるものを小一時間もかかってなめている。もうひとなめする。茶碗を置いた友人は不審そうである。

「それじゃ勝手に処分できないっていうことにならないか。」

「そうなんだよ。それぁ事情もいろいろだから、農家は田や畑を売りもすれば買いもする。だが、それも何らかの形で部落の中の承認のもとに行われているのだと思う。昔からそうだったし、今だってそうなんだ。」

それでなければ、この小農世界における農業的な生活と生産は続かないはずである。

小農世界における生産と生活は、共同体社会を必然的なものにするのだし、共同体は、土地における共同体的所有をかなめとしているのである。その共同体内部における私的所有の淵源は、古代にまでさかのぼることができよう。今日はじめて起こったことではないのである。

原始をはずして考えるならば、共同体はその長い歴史のなかで、常に私的所有をその内部に発生させていた。したがって、共同体的所有と私的所有との矛盾を常に内包しているのである。そういう矛盾を内包しているものを共同体というのかもしれないと、実は、私はそう思っているのである。

田畑における共同体的所有に対する私的所有は、社会構成の変化などの歴史の推移のなかでいろいろに変わる。しかし、どのような推移があっても共同体所有のほうは変わらず、これがベースになり続けるのだと思う。

これは、日本における所有の概念の単純さを規準においていうならば、つまり所有の否定なのである。

共同体なる部落が、その基本において所有している田、これをAさんの田だからといって、外部のものがAさんの家に行って札たば積むやら法の力をかりるやらして手離させようとすること、これは、武装なき共同体として防ぎきれることではない。国家による侵略……、そう言うよりほかにない。(ここでの侵略の語は前田俊彦さんからの無断の借用である。お許しを乞う。)

わが友人は反論して言う。

「社会主義の土地国有論ていうのがあるじゃないか。」

「土地は私的に所有さるべきではない、ということならばわかる。本当はそういうことなのかもしれないな。だけど、日本で理解されているもの、そして、既存の社会主義国のあれは、つまり国家が所有するという点を絶対視して、共同体的所有に国家の所有を優先させているようで、おかしいね。中国は別かもしれないけどね。」

共同体の土地、部落の田、その関係を基礎にということだが、さしあたり今の日本では、それを尊重する理念を少しでも多くの人が持つことが、荒廃を防ぐ幾分の手立てにもなろうか、そう私は思うのである。そして、都市の土地も同じことだ、とも思うのである。

「ジュリスト」一九七三年五月臨時増刊号

たべものについて

一　生産者と向いあって

数年前までは、食糧の自給論をとなえているとその人は農民サイドだというふうに見られたものである。私自身も、今からみれば、自給論をとなえていたことになるのかもしれない。そして、そのさい、自分を農民サイドに置いているというふうに考えたつもりはないのだが、農業団体などでは、集りに出れば、たえず農民サイドという言葉が発せられ、その場では私は農民サイドに位置づけられ、ついには「仲間よ」と呼びかけられたりさえしそうになってしまう。しかも、皮肉なことに、そういう場所には、本当の農民は滅多にいない。おおむね団体につとめるサラリーマンであり、あるいは家は農家であっても長いことといろいろな役員や議員をやってきたような人たちばかりである。農民サイドとは何なのだろうか。そのつど私は、考えざるをえなかった。農民でないものに対していうのか。よくわからない。

もう一つ、生産者サイドという言葉がある。これになると、もう少しはっきりした意味がこめられた感じになる。先日、東京で、ある人から米の問題について、生産者サイドも消費者サイドもないではありませんか、と言われた。こういうぐあいに、生産者サイドと言うときには、その反対側に消費者サイドというものを頭にえがいていることになる。

食糧の需給問題とか自給問題とかを考えるについて、やはり、この消費者サイドとか生産者サイドとかいう言葉を生み出してきた事情とそれが何を意味するのか、を一度は考えてみなくてはならないように思う。このことを、この場で十分に深く考えてみるほどの余裕はないのだが、まずは問題のありどころをさぐってみることにしたい。

三年か四年前のことなのだが、百人ほどが東京のビルの一室にぎっしりとつまってお米についての議論をしている最中に、一人の人が立ち上って、よくとおる声でこう言っていた。「生産者の方は、もっとおいしいお米を作ってくれなくてはこまります。しかも、今はもうお米は余りはじめているのですから、生産者米価を上げるような要求をしてインフレに追いまくられている消費者を一層生活苦に追い込むようなことをしないようにしてもらわねばこまります」。生産者と消費者、そういう二つのグループがあって、両者が向いあう関係にあることがこの人の気持の中にはっきりしているように感じられる。そしてこの人は、消費者というサイドに自分をはっきりと位置づけていることもたしかである。

しかし、この先の発言は、さらに重要な問題を提起している。「今は消費者の方が生産者よりも人数が多いのです。だから、生産者に消費者の要求を聞いてもらうべきです」。この一言は私にとってショックであった。恐ろしいことになってきた。ここまでくれば生産者である農家の人の気持はともかくのこと、少なくも消費者サイドにあるという意識をつよく持っている人の心の中では、はっきりした対立関係ができあがっている、ということなのである。しかし、それにしても、と私は思ったものである。多数決の民主主義社会というものでは、数の少ないグループは、多いグループの言うことを聞く、というのは仕方のないことなのか。これは、民主主義とは何なのか、というむずかしい問題になってきそうである。問題を食糧に即してすすめよう。

穀物とか食糧とか、言葉のつかいかたでその範囲はちがってくるのだが、何にしても、その輸入とか需給とかそしてこれと農業のかかわりを考えるについて、右に述べた消費者と生産者ということについて少し深く考えておくことが必要なのだと思う。

食糧という問題にかんして、都会にあるものは、一たび消費者という自覚に燃えると、何かに頼ってものを言い行動をすることが多いように思われてならない。では、いったい何を頼りにしているのだろう。さきの会場での発言について、その会場の状況を一つつけ加えて説明しておかなくてはならない。実は、その壇上には政府関係者の何人かが、ずらりとならんでいるので、つまり、そこでの参加者の発言は、政府の人たちに物申すことになる、というあんばいなのであった。その状況に身を置いて考えてみると、結局、農家の人、つまり生産者に対する要望や批判は、政府に向って言っているのだということがわかってくる。第一、そこには生産者はいないのだから。

ほかにも、そうした場面がしばしば展開されていることは、新聞などでよくわかる。消費者の団体が、農家にたいして注文をつけたいときには政府、農林省に向けて圧力をかけるばあいが多いように思う。すじとしては、当然と思われる面はたしかにある。たとえば、米の味が悪いという非難は、政府が扱っている米なのだから政府に向けるのが当然のようにもみえる。だが、実は、政府が米を作っているわけではないことはだれも承知である。政府は当然のことのように生産者農家に向って、たとえば、稲の品種を味の良いのに変えさせるような政策を行う。政府としては、都会の消費者の世論とか要望によって対農民政策を行なっているとなれば気もつよくなろう。

需給の問題でも同じようなことである。米が余っているのになぜ生産者米価をあげるのかという都会の人の感情がある。それなりにわかることではある。しかし他面では、個々の農家としては、生産資材や生活費は都会と同じようにふえる一方なので、年間の需給が国全体で余る勘定になるからといって、米の値段を引き下げられたりしたのでは参ってしまう。そういうわけで政府としても生産者米価を抑えるわけにいかないことになる。そこで次の策として生産調整、いわゆる減反政策を打つことになるのだが、これは、当時としては大胆な政策であった。農民のどのような反対をも押しきってこのような大胆な政策をおし進めることができたのも、消費者が、結果としてこのような政策のあと押しになるような発言をしてきたからである。もちろん、減反政策を口に出して支持したことはなかったかもしれない。しかし、食管赤字を出してまで生産者を保護するのは過保護だといった発言は、何度か耳にし、活字で読んできている。

日本は、農業政策にかんして、世界に例の少ないほど官僚国家である。通達を出す、補助金を出す、あとは規制、である。農政の根本理念は何か、といえば、一言で、それは「上意下達」だ、と言ってよい。

そういう官僚王国日本で、政府にむけて農民を非難する圧力をかけるということは、とりもなおさず、都会の人間が、その官僚機構の手をかりて農民をおさえつけていることでもある。

もちろん、こういうぐあいになってしまうのは、この日本に育ち住んできた私たちとしては仕方のない面があったのかもしれない。また、農家の主張がいつも全面的に正当で消費者は無理ばかり言っている、ということでもない。しょせんどちらも民衆なのである。ただ、都市のものの方が、政府に訴えやすい立場にあるからなのであろうが、国や官僚機構の力を活用して農家に言うことを聞かせようとしている感じがつよい。私はこれを市民の城下意識と言っている。そこから脱け出す方向でものを考えることはできないだろうか。

城下意識から脱け出すことができるのだとすれば、何がその契機となるのだろうか。多分都会に住む私たちが、もっぱら食べる者としての自分を、土を耕やし作物を育てている農家の人と、じかに対置し、お互い、本来どういう間柄であるものなのかを考えてみる、ということなのであろう。

北欧には協同組合運動の進んだ国があるが、聞くところによると、消費者は農産物について不満があれば、農業協同組合にデモをかけることもあり、消費者と生産者は代表同士が話合いをする場所が作られている国もあるという。こういう国では農政当局は非常にひかえ目なので、この話合いのなりゆきによって政策を立てる。だから、EC（欧州共同体）で穀物や乳製品、果物などの農産物の貿易をどうすべきか、というようなことには、生産者も消費者も、ともに方針決定に参加しているという雰囲気がつよい。（もっとも、西ヨーロッパでは全体としてそういう傾向がつよいとも言われている。）

生産者も消費者も、それぞれ政府にたいして主張をし、どれだけ主張がいれられたといって一喜一憂している。作る人、食べる人、直接に互いの主張を出しあって一つの方向を打ち出していくことができるようになったとき、ともどもに主人公になったことになるのだし、住民参加がそのとき成立するのではないかと思う。

小麦のことを考えてみよう。

西ヨーロッパは空前の干魃でアメリカは豊作で、とか言われているが日本はどうか、といえば、あまり作られていないので、結局、よその国の空模様をうかがっているといったぐあいである。

近ごろ、自給論さかんなムードの中で、これではいけない、小麦の自給を、大豆の自給を、という主張が出てきて、大豆や小麦を作ったものには補助金を出そう、などということになってくる。何かにつけて助成金さえ出せば片づくと考えるのが農林省のやり方で、そもそも何が問題なのか、どこが間違っていたのかを、じっと考え反省してみようとする姿勢がないことは、かねがね承知のところなのだが、農業団体である農業協同組合はどうかといえば、奨励金をもっとふやせという運動に終始しているだけである。

農家が小麦を作らなくなったのは、要するに価格問題だと片づけてしまうばあいが多い。アメリカやカナダやアルゼンチンやオーストラリア、そういう産地の値段にかなわないからだというのである。そういうぐあいに簡単に片づけてしまうのだとすれば、フランスや西ドイツやその他西ヨーロッパの国々の畑にも小麦がなくなってしまいそうなものである。だが実際には、かの国々では、苦しいながらも小麦を作りつづけている。もちろん、小麦を作るについての農家の事情はいろいろちがう。日本とそれを同じにくらべるわけにはいかない。だが、聞くところによれば、たとえばフランスなどでは農民が小麦を作り続けるについて、市民の理解の深さが大きな支えになっているということである。

日本でも、小麦といえば、パンの原料としての用途が最大になっている。今日では、食パンを作るには小麦の中でも硬質のもの、いわゆるハード小麦がよいという常識がある。軟質の小麦にくらべると、パンのふくらみがよい、ということなのである。だから、というわけなのであろう。近ごろでは、軟質の小麦ではパンはつくれない、というのが製パン業者の常識のようになっている。ところが、日本では、小麦は軟質のものしかできないことになっている。土地柄がそうなっているのだから仕方がないとのことである。こういうわけで、要するに日本の製パン業者の大方は日本の小麦の粉ではパンは作れない、と言うのである。

ところで硬質小麦の方がふくらみやすいのは、何も戦後にはじまったことではない。戦前の日本の食パンは大方日本の小麦で作っていたのだが、はたして今のパンよりもまずかったのであろうか。外国のハード小麦とともにアメリカ製の自動製パン機が持ち込まれ、日本では自分でパンを作る、いわゆる手作りのパン屋さんのパンは売れなくなってしまい、パン屋さんというものは、ただ大工場から配達されるパンを売るだけが仕事になってしまった。この大型の自動製パン機では、硬質か半硬質の、つまり輸入の小麦の粉でないとパンはうまく作れない、ということから、上記のような常識になってしまったのであろう。手間はかかるが手でつくるならば、幾分ふくらみは悪くてもおいしいパンはできるものらしい。ただし、パンを常食にする歴史をもたない私たち日本人は、フワフワの綿菓子のような食パンを最上と考えるようになっており、焼いて二日目になった少々固い目のパンがうまいというイギリス人などとは、そこが少しちがうのかもしれない。

ところで、ヨーロッパにも同じような外麦攻勢があるという。ヨーロッパでは硬質小麦ができるのはウクライナ方面などのことで、フランスなどは軟質系の小麦しか作れないのだそうで、日本と事情は似ている。だがフランスでは、とあるレポートは報じている。町のパン屋さんと消費者が一体となって、われわれはフランス農民がフランスの畑で作った小麦の粉でパンを作り、それを食う。たとえそれが手間のかかることであろうと、利益を少なくすることであろうと、そして、たとえ舌ざわりが少々悪かろうと、昔から祖先はそうしてきたのだ、と決議をし、それを実行している、というのである。私たちに信じられないようなことである。

これでは、農民が小麦の自給などと言う前に、ことが決してしまいそうである。多分、かの国フランスでは、その結果、パン作りのおじさんたちはパン作りに腕をきそい、その技を子や孫につたえていくことであろう。観念とか運動論によってつくり出されたのでない住民参加の姿をそこに見ることができる。

この住民参加にあたる方向が具体的にどのような形でつくられ得るのかを予知したり提言したりできるわけではない。さぐりあてていくよりほかはないのだと思う。

小麦や大豆の輸入計画や需給計画が良いとか悪いとか、そのときどきの政策のうごきを見、何万トンといった数字をおっているこのくり返しでは、結局は政策依存から一歩もはみだせない。やはり手掛りは住民・市民自身の中にあるのだと思う。

冷害の農村を歩いて感じたことが一つある。すっかり参っている農家の中に、平気な顔をしている人がいるということである。また、農村で暮している人が手紙をくれて、親しい農家をまわって冷害の見舞を言ってみたりするが、ほとんどの人が平気な顔をしている、あなたはこの事実をどう思うか、ということを書いてきた。この現象について、いろいろの理由を考えてみなくてはならないが、ここでは一つだけをあげよう。それは、私の知合いの農家も、さきの手紙の中の農家もほとんど皆に共通している点があることで、彼らが、ササニシキとかコシヒカリとか、東京など都会の主婦の方々に人気のある品種を作っていない、ということである。食糧の需給問題などを考えるとき、こういう農家に何となく頼りになるものを感じる。

ところでこのササニシキだが、白米一〇キログラム当りで標準価格より千円は高く買っているのが都会の消費者である。これを六〇キログラムつまり一俵にすると六千円の差になる。では、農家の人たちが政府に売る標準米と自主流通米のササニシキとの差額が六千円であるのかというと、とんでもないはなしで、手取りで、せいぜい二千円程度にすぎない。しかも、このササニシキは天候の異変に弱くて収穫は不安定だし、病気に弱いので農薬をよけいにやらなくてはならない。その上、業者は火力乾燥の米を自主流通米で買うのを拒むことが多いので、自然乾燥をしなくてはならない。そのために、コンバインで刈りとることはできず、手間はかかるし高いお金で買ったコンバインは遊ばせてしまうことになるなど、とかくコストがかかる。手取り二千円か三千円くらいよけいにもらったところで、実際は、ほかの米にくらべて一俵あたりで五百円くらい高く売ったことになるだけのことである。都会の主婦たちには、農家に高く支払ってもよいからササニシキがほしいなどと言って、消費組合などで仕入れる運動までしているばあいも多いのだが、その高い米の差額が、決してそのまま農家には届いていないのである。高く売っていると思われている農家にとっては、これは全く悲しいはなしなのである。

こういう食いちがいを残した消費者運動を見ると、本当の住民参加が行われているといえるのかどうかに疑問を感じさせられる。米、麦、大豆、何れにしても、流通や需給の問題には、作る人と消費する人が同じ資格において参加することによって、新しい局面を展開していくことができるのではないか。

「消費者運動資料」No. 19 一九七六年一二月 原題「生産者と向いあって日本でとれる食べ物を育てよう」

二 米の値段

「納得のいく値段」などというものがあるのだろうか、と考えることがある。コーヒー一杯百五十円を高いと思う人と、そうでもないと思う人とがあろう。その人が金持かどうかにもよろうが、必ずしもそうとはかぎらない。ふところの淋しい人でも、自分にとってこのコーヒーはたしかにうまいとなれば、二百円でもよいと感じるかもしれないし、原価計算をしてコーヒーをのむ金持なら、百円でも高いと思いもしよう。

そんなことをいっていると経済学者にわらわれるぞ、といわれそうである。経済学というものは、そういう一人、一人のその商品の見方とかかかわりとかいうものの一切をふり切って、そのものを作るのにどれだけのコストがかかるか、とか、その商品をめぐる需要と供給がどうなっているか、といったことで、ものの値段がきまるのだときめつけることで成り立ってきたのである。

経済学を学んだことのあるわたくしとしては、それもよくわかるのだが、それは、工場でつくられるもの、つまり、工業製品については、一応納得のいくことだということもできようが、喫茶店でだされる一杯のコーヒーの値段ということになると、そう単純にはいかなくなるような気がする。

しかし、コーヒーよりも、まだ考えさせられてしまうむずかしいものがある。米である。本当は、米ばかりなのではなく、田や畑でつくられるものは、みなそうなのだし、牛や馬や豚や鶏といった飼いものについてもおなじなのだが、ここでは、米ということでかんがえてみよう。

米を生産するためのコストというと、肥料や農薬や農具、トラクターなどの消耗費、それに地代、そして、労働費用といったものの合計ということになる。なんでもなくわかることのような気もする。

ところが、ここに難物が一つある。労働費である。ほかのものはともかく、この労働費というのにぶつかると、米のコストも、よくわからなくなってくるのである。

昔から農家というものは、一仕事すれば一服するということで、一日田畑に出ていても休んでいるときの方が多い、などといわれたりした。よくたしかめてみると、これはウソだということがわかる。休んでいる時間の方が多いなどというのは、都会の学者が農家の人をけいべつしていったことにすぎない。

ところが、そのこととは別に、農家の人には、米を作っている六カ月ほどのあいだに、米つくりの仕事にたずさわっていない日がある。耕起、代掻き、田植えと、そこまでのいそがしさはつづくが、そのあとしばらくは、すくなくも稲作に直接かかわるような作業はない。

農家にとっては、ほかの作物をつくったり家畜を飼ったりしているので、ひまになるとはかぎらないのだが、こと稲作にかんしていえば、作業のない何日かがつづくのである。

農林省の頭のよいひとも、大学の先生も、戦後しきりに生産費ということをいい、農業団体も生産費、生産費と声を大にしていってきたことは周知のとおりである。そこで、この生産費計算のなかでの労働費のはかりかたが問題なのである。彼らは田植えは何時間何分とか、除草に何時間何分とか、時間をはかって合計一〇アールあたり、何時間何分などと集計する。

学問の世界では、他の人とちがうことをいうことで、自分の学者としての権威がたかまる。そうしたためもあってか、一人の学者が何分と「分」を単位に計算を発表すると、別の学者はストップウォッチを田んぼにもってきて、何分何十何秒とやる。水泳の競争や宇宙ロケットの打ち上げではあるまいし、農業の世界に秒読みはいるまいとおもうのだが、そこが、この日本という国での学問のおもしろさなのであろう。

ところで、この稲作の労働時間なのだが、二〇年ほど前には一〇アールあたり、二一日くらいといわれていたのが、近ごろでは、一一日とか一二日とかいうようになってきた。半分になってしまったのである。機械とか、農薬とか、化学肥料のおかげだということは、いうまでもない。

こうなってくると、米の生産費用のなかにしめる労働費の割合は、すくなくなるばかりである。しかも、こうした生産費計算の理屈からすると、農家のほんとうの収入になるのは、この労働費とあとは地代とかいった少しばかりのものだけである。で、この労働費の部分が減っていけば、生産者米価はあがっていっても、農家のふところに本当に残るものは、大してふえない。ふえないどころか、実質的には、減っているかもしれない。

このことにかんして、いろいろのことが問題点となりうるのだが、ここでは一つのこと、米を作る農家の人が、田に入る時間がすくなくなった、ということから考えをひろげていくとき、今日にかぎらず、一体農家が何もしないで、稲の成長を待っているこの日数や時間というものは、米のもつ値打ちにとって、どういう意味をもっているのだろうか、ということが一番気になる。生産費を計算する学者からすると、ゼロの意味しかもたないことになる。工業的に考えればそういうことにもなろう。しかし、それだけのことなのだろうか、とも私はおもうのである。

コーヒー店でお客さんが来ないとか、おそばやさんで店がガラガラの時間など、店員さんは何もしないで、おしゃべりをしたり、マンガの本を読んだりしていることがある。これをアイドルタイムといっているようである。このアイドルタイムのあいだ、店の主人、その店員さんに給料を払わないかといえば、もちろんそんなことはない。

たとえ仕事をしていなくても、その店員さんがそこにいることが必要なのである。そこにいることに一定の意味があるのである。稲作のばあいにしても、田に入っていない日の農家の人と、そこに育っている稲とのあいだには、これに似たような関係があるのではなかろうか。

米の価格というものを学者の工業的な発想での生産費で、まず考えるという習慣ができてしまったということが、一つの既成概念をつくることになってしまったのだとおもう。

そして、その既成概念は、生産者にも消費者にも、深く入りこんでしまって、いまではどうにもならないほどになってしまったのだが、私は、この問題をあきらめずに、みんなではじめから考えなおしていくことが、大切なのだと思っているのである。

「商品としての米」ということばをよくきくのであるが、米を商品としてみる習慣がすっかり身についている今日では、むしろ当然かもしれない。それはそれでもよいとおもうのだが、しかし、米を商品だというにしても、工業製品と全く同じような意味で、商品だというのには疑問があるわけで、それくらいなら、むしろ商品だなどといわないほうがよいくらいのものなのだ、とおもう。

売るとか買うとかいった土俵の上に米をのせるとき、米というものの作られる過程での工業との根底的なちがいを、深く考えた上でのことでなければ、消費者米価をどうするといったところで、抜本的な考えかたの切りかえなどは、のぞめないのではなかろうか、と私には思えてならない。

月刊「食糧」一九七四年一〇月号　原題「どこかおかしい米生産コスト論」

農学

農政と農学のあいだ

親しいお役人の友人がとても興味ぶかいことを私に教えてくれた。彼は、アメリカでは農務省の人たちは農民に対してできるだけ充分な情報を提供することだけが任務だと考えているようだ、と不思議そうに言うのである。そこで私は質問したわけである。日本ではどうなっているんですか、農政についてのお役人のつとめは、と。そして、彼は私を充分に満足させるような答を出してくれて、かえって驚いてしまったものである。「日本では、おしつけですよ、上から下へのね。」これを聞いた私は、つい余計なことを言ってしまった。「その自覚を持っておられるということで、あなたは日本のお役人としての資格は充分ですね。」

さて、何はともあれ、この友人なるお役人の言うことは本当だと思う。だとすれば、私たちは、日本における農学の意味をこの角度から考えてみる必要があるのではなかろうか、と思う。

もちろん、農政における官僚主義的な押しつけについて農学は何のかかわりもないという反論が少なくないことも承知の上でのことである。しかし私は、明治から大正にかけての農政が体制としてできあがる過程、そしてそれ以来ずっと今日まで、農政は農学を支えにして来たと思っている。さらにそれだけではなく、農政が農学をそのように役に立つものに仕上げていったのだし、農学の担当者たちもまた誠心誠意その役柄を全うするようにつとめてきたのだと思う。日本の農学と民衆つまり農家の人たちとのへだたりの大きさを問題にするのだとすれば、ここを解いていかなくてはならないのだと思う。

分析の学

明治の後期にはすでにつくりあげられていたこの国の社会の骨格、一口に言うならば、官僚国家としての骨格、そこをまず歴史的な前提としてこの問題にとりくまなくてはなるまい。

徳川時代のように各藩の大名を通じてでもなく、一般の資本主義国のように資本による民衆支配を骨格とするものともちがう。都市に資本あり農村に地主ありというこの時代のことではあるが、国による支配の体制は官僚機構という特別な手段による民衆への直接的なものとして完成していく。高い地位にあるものは、何ごともこうした社会の骨格に沿って考え行動するのを常識とする。そして農家の農耕の仕方にまで立ち入ってその官僚的な下達の論理が貫徹されていく。

農政という、現代何の抵抗もなしに使うことの多い言葉のいわれと、そしてその概念の原点をここに見てよいようにも思う。

ゆかりあるものの子弟が、海外とりわけ西ヨーロッパに学びあるいは外来の教師の手ほどきをうけるとき、そこで得た育種学や肥料学はたんなる学であったかもしれない。子弟はやがて学校・試験場・官界の一定の地位についていく。ところがこの国には、それら新しい移入の学を直ちに下達の政策に活用することで一定の成果を得てきた殖産興業政策の体験がある。為政者が新進農学者などの泰西農学によって日本の農学を一変させる方向を打ち出したのも不思議ではない。また、それら学徒は、元来民衆を見下す環境のなかで成人したものたちであり、外国の学を身につけた箔が加わり、農家の人たちを愚なる衆として下達によるよりほかに救いようもなしとの信念に燃えて農政に寄与することをわが道と選んだのであろう。

現代の農にかかわる学究などの示す献身的なまでの農政への寄与の姿の原型もまたここに求めたい気持である。

この国での肥料学は、作物の三大栄養素チッソ・リンサン・カリの分析の大切さを説くことにはじまり、作物にこれらN・P・Kをそれぞれどのような形でどのような量でほどこすかを説くことに終る。学生時代、その事実にある程度の感銘をうけた私自身の体験とあまり変わらない体験を今日の学徒が受けつづけていることを私は知っている。学の内容が何十年変わらずにうけつがれていることの可否をここで問おうというのではない。N・P・Kという分析的研究の成果を、そのままこの国の農家の人たちの農耕の仕方の否定の学として村に持ち込み、官制的な鋳直《いなお》しをしていこうとすることを気にするのである。そして、この村や田畑への持ち込みが、ことの次第をのみ込まぬ人たちによってすすめられたことではなく、この国限りにせよその学の最高の権威者の参加のうちにすすめられたことを気にするのである。

N・P・Kの分析の学は、大学の校舎の裏にある試験地でのポット試験や圃場試験で、つまり研究し確かめるためのものとしての施肥方法、——一平方メートル当り硫安は何グラム、過燐酸石灰は何グラムといったぐあいの——にとどまらず、農家の畑や田での一反当り硫安何貫とか何キログラムとかいった実用の分野へそのまま延長されていく。

昭和期でみれば、大方の帝国大学に農学部が設けられている。農家の子たちの先行きとはおよそ縁のないこれら大学に農学部というものがおかれるのも、不思議である。

それはさておき、諸帝国大学の農学部の近くの書店にならべられていた肥料学の本と、各地の農学校や農会や村役場の勧業係、県の試験場など、つまり農家に近いところに散見される実用の書としての肥料にかんする冊子とをくらべれば、両者はほぼ完全に相似形をなしている。すなわちN・P・Kの意義にはじまり、N・P・Kをいかにほどこすかにおわるところのあれである。

考えようによっては、学を、たんに学におわらせてはならず、国の求めにみずから応えて実際の学として仕上げることを急ぐという責務感の結果なのかもしれない。ヨーロッパで、堆肥など農家がつかっている肥料の効果の原因を分析して得たN・P・K、そしてチッソは硫安として製造することができることも学び、リンサンはグアノなど鳥の糞、あるいは燐鉱石から得られ、カリは石灰カリとして使用できるなどを知るにおよんで日本に帰れば、先進ヨーロッパは、あたかも全面的にこれら人造の肥料を使用していて、人糞尿や牛馬の糞尿、草や藁の堆肥をつかうなどは時代おくれであるといったうけとめかたに傾きはじめていく。一口に言えば単肥主義への起点である。

疎隔の学

ところで、あたかもこの単肥主義の本家と目されている西ヨーロッパの現場つまり農家の庭先で今日行きあたる農耕の人々の頭のなかにこの単肥主義を見ることは容易ではない。この小麦の畑の肥料はチッソ・リンサン・カリ、それぞれどれくらいになっていますかと問えば、答に幾分の時間がかかるとしてもその質問の意味はすぐに理解してもらえるのが日本の村々での普通の体験である。反当りにすると硫安が一袋半だから何十キロ、過燐酸が何キロ、といったぐあいである。元祖のはずのヨーロッパでは、質問の意味さえわかってもらえないばあいが多い。

かの国でこの答ほしさにこの問をつめていくと、結局は、百姓にそんな数字はいらない、といった言葉に出あってあきらめねばならない。私自身の少ない体験からすれば、三〇ヘクタール農家であっても五〇ヘクタール農家であっても、この点に変わりはない。畑の肥料を単肥として認識しようとする契機すら持たないかのようである。村に出入りする試験場などの人たちも、その知識を持っているとしても、農家の人たちをとまどわせるような発言をしたり単肥主義的な認識を植えこむような努力をしてはいない。牛舎からかき出して積みあげる堆肥、その畑の土の中での効きめを、チッソ・リンサン・カリというふうに分けて考える方法もあるにはあるが、といったところであろう。どだい、村に近く、農家の人たちの目につくところにある試験場やら学校には、肥料を単肥で考えるような方法論つまり単肥主義そのものが無いようなのである。

西ヨーロッパでは大学やら中央の試験研究の場でのN・P・Kの論議や研究は、いわば学問的趣向の問題のようでさえある。それでよいと、その国の先生たちは考えているかのようである。そこで行われている分析の科学としての農学は、そのままでは農耕する人たちの好みに合わないと考えるのかもしれない。ともかく、分析結果を、分析したままで村のなかまで持ち込むような発想はあまり感じられない。少なくとも西ヨーロッパでみるかぎり、役所の系統を通じるとか農会のような官製の団体を利用するとかいったぐあいでの下達の様子はなかなかうかがえない。

かの国でみる限り農村の近くにあって農家が直接にふれるような立場にある各地の学校や試験場では、学問の赴くところに従って得たN・P・Kという分析結果を、もう一度総合してもとにもどすのが仕事のようでさえある。なぜ堆肥を畑に入れるのか。あえて問われれば、堆肥のなかにはチッソとカリ、リンサンなどがあってと説いたりもしよう。

そんなぐあいだから、N・P・Kを三大栄養素だというのも分析的実験のくり返しの結果にすぎず、この単肥的な角度から迫ろうとする限り、土の中の養分と作物の生理とのあいだに不可知の厚い壁があって一向にくずれそうにない。が、西ヨーロッパの国々の村にあり郡部にある教師とか技術員とかはそこをわきまえているかのようである。作物の育つのは神の仕業《しわざ》だと、親から子へと伝えられるがままに語るものがあるとしても、また、牛の糞や藁は麦や草を牛が食べて出されるもの、小麦の藁ともども畑に返せば、土は次の年の作を与えてくれると息子に説く親がいるとしても、眼に角《かど》立てて打ち消してみせることもあるまい、といった様子である。それ以上の真理をN・P・Kが持っているといえる自信がないからなのかもしれない。

ただしこれは農民への理解の深さによるなどということではなくN・P・Kの理論は百姓たちにいってみてもわかることではないし、もともとこれは百姓とは無関係な高級な世界の学問という遊戯なのだと思っているからなのかもしれない。そう思われるふしもある。もっとも、一つだけ確かなことが言える。それは農家の人たちが堆肥を畑に入れて穀物を栽培しているのはなぜだろう、というところから農学の分析の科学がはじまっている、したがってその分析の科学の源《みなもと》は農家の農耕の仕方にあり、論理としては分析解体したものはまたもとの姿に戻して農耕の人たちに帰することになる必然性をもっているということである。

ところがこの国では、その論理過程をぬきにして分析の成果だけを頂戴してきたわけで、持ち帰ったり外人から教わったりしたものは、この国日本の民衆の農耕とは、無縁である。それなのに、学者たちは、持ち帰ったものを、もう一度農耕する民、つまり私たちの先祖に問うて自分の国にその源を求めるということを試みることもせずに不変の真理としてしまった。つまりは、牛馬糞、草や藁を積み肥えとし、人糞尿を溜に入れ置くなどして、土に入れるこの国の農耕の施肥自体は西ヨーロッパの施肥と何ら変わるところはないのに、そこから教わりそこに返すという論理をもつことなく西ヨーロッパの分析の上澄《うわずみ》だけを移入したのでは、戻すに戻す場所もないというあんばいだったのであろう。過去のはなしとしてではなく、現代のはなしとしても同じことである。

徳川時代には『農業自得』（下野）、『百姓伝記』（三河・遠江地方）、『田法記』（出雲地方）、『会津農書』（会津地方）、『憐民撫育法』（若狭地方）、『才蔵記』（和歌山県）など、農家ないし農家に近いところで記述された農書があって、今日知られている。それらすべてを仔細に読んだ私ではないが、それら幾多の農書に思いをおよぼすについても、その延長の上に明治末から大正・昭和と展開する、この国の農学を置くことができないことの意味を考えこんでしまう。これはどうしたことなのだろう。急ぎすぎたからなのであろうか。何事につけても政策、学問とも急ぐ傾向のつよいわたしたちの国ではある。

肥料におけるN・P・K、品種における交配育種法など持ち帰りの学が、さきにのべた農政の体制、つまり民衆支配と慰撫という農家むけの体制ができあがった明治三十年代以降、大正期にかけて、上意下達の頂点に達するについては、持ち帰った人たちや日本にあって外人から学んだ人たちの積極性もまた重要な点である。豊富とまでは言いきれないにしても、さきにあげたような民衆のなかから、あるいは民衆に近いところで記された農耕の書に何の関心も示さなかったようでさえある。また幕末から明治前期にかけてのおよそ半世紀は、中村直三、舟津伝治兵衛、石川利紀之助、林遠里など、広く知られた篤農家があり、明治の前期に政府から重用されてさえいる。篤農の農法がすべて民衆のなかのものであったと言うについては疑問をもつ私ではあるが、明治の後期、大正期という時期に、農家の人たちがそれまで積み上げ伝えてきた、これら農法の延長線上にでなく、これと隔絶したかのような農学を展開させ、それを単なる趣味趣向の学としてでなしに下達の体制にまで身をのり入れることができるについては、よほど積極的かつ意識的に民衆農法に耳をふさいだのであろう。

単肥主義

さて、稲を栽培して穫れる米の量が多いことを喜ばないものはなかろう。多くとれる品種があればと思い、他村のものをもらって来たり自分のものと交換したりしてみる。だが、結果がよく、たくさんの米がとれたとしてもその品種一本というわけにはいかない。その品種を作り返せば田の土が瘠せる。土が瘠せても肥料をたくさん入れればよさそうなものではある。だがそれは現代日本での考え方である。かねてからの農家の人たちの農法では、作物は、土を瘠せさせぬように植える、ということを選ぶのである。その点で、かつてのヨーロッパと、かつての日本の農家の人たちの間にちがいはなかったようである。今のヨーロッパの農家を見ることによって、それがわかる。彼らは、今もってその農法を捨てようとしてはいないようだからである。

土を瘠せさせないように作物を選び植える。これを非近代の論理と見たのであろう。チッソ・リンサン・カリの三大栄養素説をヨーロッパに学んだことで、即座にそういう結論を出したのが日本の官学一体となっての農学の世界だったと言っても過言ではあるまい。何しろみずから耕やさざるものたちで結論を出すことであり、みずからの中に否定さるべき農法というものを持っていたわけでもないのだから、この短絡ともいうべき論理の切りかえに、何の苦痛もともなわなかったとしても当然であろう。

かくて、苦もなく産み出したもの、それが単肥主義である。語感からも察せられるように、この単肥主義ということばには、私自身の疑問がすでにこめられている。そういう語法を避けるのが常識とも思うのだが、ここでは、敢えて避けないことにする。

単肥主義。それは世界にまれな発明とも言えよう。チッソをたくさん吸収させてたくさんの米を成らせる。そして土にチッソが足りなくなればチッソを入れるがよい。そういうぐあいに、単肥主義は必然的に多肥主義へと派生する。この単肥から多肥への展開方式がこの国でそして農耕の外で発案されたことの意味は大きい。

今日多肥多収ときいていぶかるものはいまい。農耕の暮しを日々に営む人も、そしてまた農耕の外の人も、あまりにも当然のこととして気にもとめないことばになっている。だが、昭和四十年のころのこと、ある知名の農学者による、「今日どのような多肥多収の推進も可能になってきました」という演説をたまたま耳にし、オヤと思ってそのあとの一言から受けた衝撃は容易に忘れられそうにない。その一言「それはいうまでもなく農薬の進歩のおかげでありまして。」

この演説の内のこの一部分が私なりの開眼にどれほど大きな役割を果してくれたか。問題は農薬そのものにあるのではなく、多肥多収の理念が農耕世界の農法の外のものだという点にあるのだ、という開眼である。多肥多収は農法の理念ではなく、農耕の外の、農耕と無縁のところでつくられた「技術」だということ。これはまた皮肉な感謝の気持というところである。

さきに登場した陸羽一三二号という米の品種が完成したとき多肥多収理念への自信をもった下達農学者の心境は充分にはかり知ることができよう。りくうは冷害につよい品種、その点では農法的に農家の求めるものであったろう。なぜなら陸羽一三二号は当時まで特に東北で信頼をえていた亀ノ尾という品種の耐冷性が再現しているからである。(なおこの亀ノ尾という品種は農家が選抜して育てていった品種であることを付言しておく。)だが陸羽一三二号のもう一つの特性、チッソをたくさん吸収させても稲熱病にかかりやすくならない——これを耐稲熱性と言ったりする——は農法外のことである。後者の特性を追求してその作成に成功したことで稲の品種における耐チッソ性、もう少し広く耐肥性という概念をつくり出すことに成功したというわけである。

ところで耐性ということばには、耐の字をつかうだけに、無理を承知の上という意味合いがこめられている。耐の字をつかうのは、植物の自然の営みが自ら求める範囲を越えているのは承知の上であえてそれをやるのだという人間の心のなかの歪《ひずみ》を正直に言いあらわしたというところである。

栄養分を、もっとやるからもっとみのってくれ、というのが施肥である。そうするうちに、もうたくさんだということになる。それでもなお、いやでも食えといって食わせる感じ、それがこの耐肥性の耐の字の不思議なつかいかたの実感である。

紙数が尽きてきたようである。ここでは、日本における農学というものの成立の過程を一つの歴史的断面において見て来たにすぎない。もっと多くの側面について検討した上で、日本における農学の像をとらえていかなくてはなるまい。

農学が、農家の人たちにとって意味のあることが望ましいとは誰もが考えることだと思う。しかし私は、その望ましいことを実現しようとするには、どうしても一つのことを確認することが必要なのだと思う。「確認する必要」と言うよりも「耐える必要」と言った方が妥当かもしれない。なぜならば、そのために必要なことというのは、教えることから教わることへの切りかえのことだからである。

祖先の農法に学び、その上に農法としての農の学を組み上げていく、そこに西欧的な分析の科学の力をかりることがあるとしても、そのことで農家の人たちがつづけてきた農法よりもはるかに高いレベルの何かをやっているのだという認識を持つとすれば、それは、やはりポットの焼物の内側に農学をひそめたことになろう。それも学問の一つのタイプだと思う。そのばあい大切なのは、農家の人にそれを教えようとしないこと、おしつけようとしないこと、下達につかわないことだと思う。

私は、たとえ工学が教える学問として成り立つことがあるとしても、農学には教わるものとしての学問しか成り立たないのだと思う。

「技術と普及」一九七六年七月号　原題「農学の成立の意味を問いなおす」

部落

一

部落というものを考えるときに大切なのは、自分という――このにんげんが、部落との関係において、どういう位置にあるか、ということを、まずは深く思いさだめることにあるのではないかと思うのです。

こういえば簡単にもきこえましょうが、じつは、これはなかなかむずかしいことなのです。むずかしいというのは、決して学問的なむずかしさをいっているのではありません。では、いったいどういうむずかしさなのか、と問いただされると困ってしまうのです。そう、ひとくちにいえば、部落というものを見きわめるについての自分の心のおきどころを思いつめていく、ということでしょうか。いうなればそういうむずかしさなのだとおもうのです。別な言いかたをしてみましょうか。

あなたは、部落との関係において、いったいだれなのですか。

それをはっきりさせてとりかかることでもあるのですし、じつは最後になってはじめてそれがわかるということでもありましょう、それがわたくしにとって、部落を考えるということなのです。

先日月刊誌の『地上』(一九七四年一月号)で作家の野坂昭如氏が、都会に住んでいる人間は、市民などといって得意づらをしているが、都会の人間はみんな部落を自分のしりにつけて都会に来ているだけのことで、本当の市民などこの日本にいはしない、という意味のことを書いていました。わたくしもそれにちかい見方をしているのでこの一文は大変興味ふかく拝見したわけです。

しかし、このばあい、わたくしの興味を一層ふかくしたのは、その筆者野坂氏が、自分をそういう不完全な市民として、——あるいは部落的な市民としてと言いましょうか——見つめたいという気持が、まるで苦痛のようにその一文にもり込まれている、ということなのです。そこが、ここで部落を考える上で大切なところなのだと思います。このばあい、作家の野坂氏は部落のことを考えることをねらいにしてこのことを書いたわけではないので、一人の不完全な市民である自分が農民をみるときに、自分をきびしく農民に対置しようとしたためにこういう衝動がわいてきたのでしょう。そしてそれを書いた、ということなのでしょう。しかし、農家というものはまずは例外なく部落にあって作り暮しているわけで、そうした自分をみきわめようとするさいのある種のきびしさが、はからずも部落を知るよすがになるような気がするのです。

自分を見ようと思って鏡を見、そこにうつる自分を一生懸命にさがしもとめます。そのとき自分をそこに見つけて美人だと喜んだり、あるいは自分のふけこみにがっかりしたりして終ってしまうばあいもあるのですが、人により、ときによっては、自分をうつしている鏡というものの性質に関心をひかれることもあるのだとおもいます。

主観的とか客観的とかいうことをぎりぎりにつめていくと、その両方がいつしか重なってくるものです。鏡と人の関係も、自分をうつしてみる人によっては、そこでこの重なりあいを感じとることができるのだと思います。部落を考えるときの大切な点も、つめていえばこの主観と客観の重なりあいにある、そう言いたいのです。

二

部落のなかにあって部落を考える人と部落の外にあって部落を考えようとする人と、わたくしたちはそのどちらかでしかないわけです。学問をやる人のばあい、そのどちらでもないものとして部落を考える、それが学問的客観主義だといった態度を示すばあいが多いのです。その気持はよくわかりますし、いまここでそれを論評したいとは思いません。ただ、わたくし自身は、部落の外の人間としてしか部落に接近することができないという気持なのです。

部落の外の人間と部落のかんけい、これをわたくしなりに気のすむまで説明する余裕はないのですが、ひと口に言って部落の外にいる人間は部落のはみだしものだという点だけは指摘しておかなくてはならないと思います。ただし、これはさしあたり日本について考えることなので、世界のどの国の社会にも通用するというものではないわけです。部落の外の人間、わたくしを含めて、それはおおむね都市の人間なので別な言いかたをすれば農業をやっていない人間ということなのです。

この部落外の人間が部落からはみだして都市の人間としての共通の社会を構成するまでのメカニズムはいろいろと複雑なので省略させてもらいます。

さて、どういう社会についても都市の人間をはみだし人間と言ってよいのか、といえば、そういうわけにはいかないのです。西ヨーロッパの国についてこれまで言われていることですが、日本の部落にあたるコミュニティーやコンミューンあるいはゲマインデといったもの（これらを日本では共同体と訳していますが）が崩壊してしまっているのだとすれば、もはや都市の人間をコンミューンなどのはみだしものなどと言うわけにはいかなくなりますね。

このことを逆にいえば、日本など歴史上一度も部落の崩壊が行われていないところでだけ、部落の外のつまり都市の人間をはみだしものということができるというわけです。

また、西ヨーロッパのようなところでは、コンミューンなどが崩壊してしまってそのあとに農業生産を行なっている人たちは、日本の農家とはまったくちがった性格をもっているということになりましょう。ただし、実際に西ヨーロッパの農村を歩いてみますと、日本の部落のような感じのするところで日本の農家と似たような生産と生活をしている農家にあまりにもよく出くわすので、西ヨーロッパのすべてでコンミューンがすっかりなくなってしまったといえるのかどうか、そこは疑問の残るところだと思うのですけれど。

三

部落の機能ということがよくいわれます。役割という言いかたもよく耳にします。部落はほとんど機能しなくなったとか、部落の役割は終ったとかいったぐあいにです。十年以上もつづけてきたこの高度成長の日本社会のなかに住みなれたわたくしたちからすれば、部落をそういうふうにみようとする人が少なくないとしても当然でしょう。

どういう機能をはたしているとか、機能が高いとか低いとか、そういうばあいの基準は、大かた直接の損得にむすびついているかどうかという点におかれるものなのです。ことがらによってはそういう基準でものをみることも必要でしょう。都会に住んでいる人間にとっては、それは大切な基準でもあるわけです。なにしろ都会の人間というものは金があっての生活であり生命なのです。だから大概のことを損得を基準に考えてしまうわけです。それはそれで仕方がない、としましょう。

しかし、部落のことを考えるについて、その都会的認識のものさしをあてはめようというのは、すでに、部落との関係において自分を見ることを忘れていることの結果なのだと思います。もともと部落の意味を機能でみようとするのがおかしいのだとわたくしは思います。なぜならば、部落は生活と生産の場所なのだからです。部落は、生活や生産の手段ではないからなのです。

それではピンとこないかもしれません。ピンとこなくてもよいのです。もともと部落というものは、都会の人間にとってピンとくるような存在ではないのです。

部落にピンとくるような機能がないから、という都会的なセンスで、だからあんなものは邪魔だとかなくしてしまえとか近代化しろとか組織がえしてしまえとか、思いつくままの全く勝手ほうだいの発言があります。農家があり、そして農業生産を営んでいる場所のことを、はたがとやかく言うことはないとわたくしは思うのです。

部落は目的があって誰かが作ったのではないのです。そして誰かが意識してこしらえたり組織したりしたものではないのです。目的をもって、意識的につくられたものであるならば、役に立たなくなったからつぶしてしまおうとかつくりかえようとかいえるかもしれません。たとえば協同組合ですが、これなどは、たしかに人が意識して、協同組合原則だとか協同の理念だとかいってつくりあげたものですから、さてこの組織をどうしようとかああしようとか、いろいろに考えてよいし、考えるべきなのかもしれませんね。しかし、協同組合のようなものと部落とを同じように考えるのは、大へんな間違いだと思います。ほんとうは、「部落組織」というように、組織ということばをつけるのがそもそも誤解をまねくのではないでしょうか。しかし、部落には組織ということばをつけるならわしがあるので、ここではあまりとやかくは言いません。わたくし自身『村落組織と農協』という名の本を以前に書いたくらいなので、大きいことはいえないのです。

ともかくここで大切なのは、組織ということばがついていようといなかろうと、部落というものは人が何かの目的で意識して作ったものでなく、したがって、そこに人があって農業的なくらしをつづけているかぎり、だれもそれをこわしてしまうことはできないし、人手を加えて形をかえるようなこともできはしない、ということを確認しておきたいとおもうのです。

四

部落というものは、いうなれば夫婦のようなものだと思います。もちろん夫婦は男と女の意志でできあがるもので、その点は部落とはちがうのですが、一度できあがってしまった夫婦で考えてみると部落との共通点が感じられます。つまり、夫婦はよいものだなあなどと顔見合わせて言うのは、テレビのホームドラマぐらいのもので、実際はあんなものではないわけですね。だいたい、夫婦とは、などと考えたり話し合ったりすることはめったにないものなので、たまにそれを考えたり気にしたりするときは、むしろ夫婦とはめんどうなもの、うるさいものと思うようなときなので、めんどうでうるさくても、やめてしまうわけにもいかない、といったぐあいなのです。そこが部落に似ているわけです。

部落ってよいものだな、などと語る人はめったにいません。むしろ、部落なんてうるさくてしょうがない、というようなマイナスの発言というかつぶやきというか、そういうもののほうが耳に入るくらいです。若い人が、よくそういうことを言うのですね。ついでながら、若いうちにそういうふうに言うのはむしろ当然なので、それは、まだ自分で生活をしていないからなのだと思います。

部落は、なにしろ生活体なのですから、そこで生活をしている人にとって一定の意味があるわけですね。若い人は家族の一員で、一員として寝起きしているわけですが、生活というものはないから、自分を生活単位として部落にむすびつけていないわけです。

こまったことには、部落はいらないとか部落をこわしてしまえとかいわれますと、ふだん、農家の人たちは、部落とはこれこれこういうわけで大切なのだ、などと、議論したり整理して考えたりしているわけではないので、外部の指導者のような人がやってきていろいろ言われると、部落っていうのはなるほど無用の長物なのかな、という気がしたりするわけです。お役人、学者、農協などなどの立派なひとは、上手にそれを言うわけです。

しかし、面白いことには、いろいろの立派な人が、部落をどうしなければならないなどと、目のかたきのようにして言ってきたものなのですが、それにしては、部落がなくなってしまったようなはなしをきかないのです。それは当然なので、農家があれば部落があるというわけなのです。

五

わたくしは、農業をまもるということは土をまもることなのだと思います。

農業をまもるために一番大切なのは、土をまもることなのだ、と言いかえてもよいと思います。では、なんのために農業をまもると言うのか、それはここでは省略することにしましょう。ただし、わたくし自身は、自分のことばとしては、農業をまもるというようなことは、あまりいわないのです。なぜならば、都市の人間だからです。都市の人間は農村の部落からはみだしてきたものなので、ほんとうは、部落あるいは農村によって生命を支えられる立場にあるはずなのです。ここは大切なところです。都市が農村によってその生命をまもられる、ほんとうは、そういう関係でなくてはならないのだとおもうのです。それなのに農業をまもらなければなどと農村のひとだけでなく都市の人もいっているというのです。

これは逆ですね。こういう逆のことがいわれるようになったのは、都市が戦争などのおかげで急につよくなったりしたためなのだとおもいます。

農業をまもるということを言うのだとすれば、こういうふうに言わなくてはならないことが間違っているのだということをまず前提にしておかなければならないわけです。

さて、こうした逆現象のなかで、農業を破滅的な危機に追いこもうとして、大きな歯車が動いていることは事実です。この歯車は、農業における農業的な循環を断ち切ることでうまい目にあおうとする悪質な生物によって動かされているのです。その歯車から農業をまもろうということで、エサ代を下げろ米価を上げろと闘いがときどき盛んになるので、これも大切なことなのですが、農業を犯し、食いものにしようとする歯車とは、どうにもうまくかみあわずに、食いあらしは進行するばかりなのです。

農業における農業的な循環を食いあらす歯車の動きを食いとめずに、機械化とか化学肥料とか農薬とか、それに専作化や主産地形成やという新しさの魅力にとりつかれたままで、資材の価格とか農産物の価格とかの闘いで一定の成果をあげてみても、その成果にほっとしていられるのはほんのいっときのことにすぎないのです。結局は、その価格闘争そのものの成果をおかたまるごと、その歯車の運転者にもっていかれてしまう。

そして、そのあとにのこされるのは、一層どうにもならない関係、非農業的な農業のふかまというものだけです。そのことは、都市の人間そのものの生命の存立をあやうくすることであり、いうなれば、それは、都市の人間をまもろう、という問題につながってくるのです。

これは、自然的環境といった問題の次元とは別の問題としてのことです。

土をまもる、という概念のなかに、この観点をこめて、いまわたくしは浮上させたい気持なのです。

ここのところは、説明が簡単にすぎたので、充分にわたくしの意図をよみとっていただけるかどうかが心配なのですが、ここから、ようやく部落と農業の関連という問題に入りすすんでいくことができるのです。

六

土をまもるということは、部落を大事にするということなのだとおもいます。もとより、土をまもることが部落によってだけ達成されると言いきれるものではありません。

しかし、極端に言って、部落がなくなるとしましょう。これは土の喪失ということになりましょう。日本だけについて考えてみますと、小農的な農業と土とそして部落とは、どれも欠かすことのできないものなのだとおもうからです。

土をまもるということには、さしあたり二つの意味があるとおもうのです。

一つは、「土の農業」をまもるということ。
も一つは、土を「土地」として奪われないということ。
ここでは、「土の農業」ということで部落の意味を考えることにします。

自然の農業とか循環の農業とか、よくいわれるようになりました。かねがね、わたくしは循環の農業における循環をつぎのように考えてきています。

一つの循環の環は、農家の人の生活と田畑や山での作物や家畜や蚕の成育との間の循環です。この循環の環は、しばしば軽視されがちです。むしろそういうむすびつきは時代おくれだという見方のほうが一般的なのではないでしょうか。

次の大切な環は、作物相互の間の循環です。世界のどこの国を見ても、土の力――「地力」とよく言いますが、地力の概念が日本ではあまりにも技術本位になっているのでそれが心配です。しかし、ここで地力と言ってもかまわないと思っています――をやしなうのには作物相互の力を基本としていますが、これを完全に忘れてしまっていたり忘れるように教育宣伝が強くなされているという点で、日本ほど見事な国はありません。一つの作物、そして他の作物と、そうした作物の順ぐりの成育が土の力をやしなっていく基本になるわけで、そのばあい、具体的には作物の根の生きている間の働き、枯れたあとつまり残根としての働きが大切なわけです。しかし、この原理は、専作によって完全にうちこわされてしまうのです。

次の環は、耕地と耕地以外の要素とのあいだの循環です。家畜とか蚕とか、そしてもう一つ草生です。草生というのは、ここでは、野山の草地から河川の堤防や路肩・あぜみちの草の生育をいうのです。一応部門間の循環と言うことにしますが、この環の分断は今日致命的と言ってもよいくらいの状態になっています。それは家畜の多頭飼育に最もよく象徴されています。

さて、以上三つの種類の農業循環の環をあげたのですが、これら三つは別々に存在するのではなくて、どれか一つが満足されるためには、他の二つの環がどうしても必要なのです。つまり、農業における農業的循環というものは、この三つの環のむすびつきによってはじめて成り立つわけです。そして、この結びつきが弱くなってくると、それだけ農薬とか化学肥料への依存度がつよくなってくるし、機械への必要以上の期待がつよくなり、農業の自己喪失状態がひどくなるのです。

七

さて、循環の三つの環の結びつきなのですが、それを期待するならば部落がなければどうにもならないのです。部落はこの三つの環の回転を結びつける軸のようでもあるし、三つの環の回転を包み込んでいる器《うつわ》のようでもある、といったぐあいのものです。

生活と農耕のあいだの循環の環は、個々の農家が単独につくれそうに思えるでしょうが、そうはいきません。自分たちで食べる作物の種類は一年間で数十種類になるものです。農家はお互いにそれらの作り方を教えあい、種をわけあい、作りきれないものはその収穫物をわけあったりして昔からやってきたのです。農家が作ったものは部落のなかではみんなのものだ、と言う人がいます。これは、ただやたらにお前のものはオレのものということではなく、互いに不足を補いあう、ということで、里芋をもらえばしいたけで返す、といった、ないものどうしのあいだのやりくりで、みんなが一年中食べるものにこまらないようにする、ということなのです。

たくさんの種類のものを作り、自分たちで消費し、余計な分は外へ持ち出して売る。それを都市の人間が買って食べたりする。この関係をこわさないことが、第二にあげた作物間の循環ということになります。

充分には説明しきれない面もあるのですが、なぜか、作物の作付順序の型は、大体部落とか村（このばあい旧村をさします）といったまとまりのなかで共通しているものです。もちろんこれは戦前のはなしなので、いまは家々のおじいさんたちに聞いてみないとわからなくなってしまっています。こういうふうに一つの部落のなかの農家は作物の作りかたなどで共通したものをたくさん持っているものです。これは技術上の知識の交流の範囲に部落がちょうどよかったというだけのことではなく、作物の病気や虫の関係、山や水利や水害予防やの部落の共同の仕事との関係などの複雑なかみ合いのなかで形成されてきたという面もあります。

そして、も一つ忘れてならないのは稲作です。これは、作付の循環とは無縁なようになっており、そこに大きな問題があるのですが、それにしても、水の掛け引きや病虫害の防除など、部落と無関係にやっていけるばあいは滅多にありません。この点では多くの説明はいらないように思います。ただ、用水では、部落とのかかわりを時代おくれだという人が、いわゆる指導層のなかに多いのは残念です。これは稲作を上のほうからコントロールしたいと考える人たち、つまりあの巨大な食いあらしの歯車を動かすことに利益をかけている人たちの論理です。

農家一戸一戸がその農耕と生活をつづけていく上での部落の意味を知るためには、まだまだいろいろと具体的に見ていかなくてはなりません。それをここですすめていく余裕はありません。わたくしは思うのです。いま進行しつつある農業の喪失と荒廃を一軒の農家でとりもどそうとしたときなにがなしうるか、それをていねいに具体的に考えようとするとき、部落というものの支えがなければ、しょせん農村外の工業的な手段に依存せざるをえず、再び荒廃へのレールに戻らないわけにはいかないのではないか、と。

「全共連季報」一九七四年秋　原題「村落組織と農業」

Ⅱ

農の思想

雑草と人間の唄

一

「この冬、裏の山に入って一坪ほどの雑草を掘り取って一つ一つ調べてみたら四十種類もあって、しかもほとんど名前を知らない草だった。子供のころから三十年も百姓やってるのに、みっともないはなしだ。」

山形県で畑もかなり作っている農家のあるじのKさんが、十人ほどの集まりで、こんなはなしをしている。何十年百姓をやっていようと草の名をろくに知らないからといって、みっともないことだというふうには私には思えない。このKさんのはなしを聞いていると、名を知らない草がどれほどたくさんあっても、そういう草を相手とする仕方、あるいはそういう草がつぎつぎと生えてくる山や畑や田の土とのつきあいの仕方に誤りのない百姓三十年のすべてが語られているようにさえ思えてくる。大体、それをみんなの前で披露するところに彼の自信のほどが知れるというものである。

その上、掘り取った草の全部を、土を落として家まで持ち帰り、日だまりの庭先にならべて植物図鑑とてらしあわせるこの人のおっとりさには、都会に住む者は言うにおよばず、農家の人でさえあきれるほどのことであるにちがいない。

ところで、Kさんがこのはなしをしたのは、実は、草の名前を知る知らないについての話題を出すためではなかった。

「雑草は一種類だけでは存続しない。もしも私のところの裏山に一種類しか草が生えてなかったとすれば、一時はその草が繁って一杯にひろがるかもしれないけど、何年か何十年かのうちには絶えてしまって、一本もなくなってしまうんじゃないかと思う。」

彼はもっとしゃべる。一坪に四十種もある多分何百本にものぼる雑草は、互いに助け合っているのではないか、という。そして、本当のところ、彼が言いたいのは何なのか、を知らせるひと言におよぶ。

「作物でもね。いろいろのものを植えるのがいいんだっていうことを雑草が教えてるんだな。畑がきたなく見えるかもしれないけど、それが、本当なのかもしれない。」

この発言にはショックを感じた。この人は、東北各地から集まるいつもの顔ぶれの中で、野菜作りの話が出れば皆が一度は彼の方を見やるというような、野菜の専作農家のあるじである。日ごろ農耕の意味についてあれこれ考えてみたり、農業とは何なのかを論じてみたりして過ごしているわたくしとしては、この野菜専作の農家の人からこんな体験的な心情を吐露されたのでは、全くとまどわないわけにはいかなくなってくる。そして同時に、彼が到達した農耕の精髄を知らされる思いでもある。眼開かされる思いである。

雑草のいろいろが、互いに他を邪魔にし合いながら共存する。もとより、他を制しようとする性質も持っているにちがいない。しかし、他を制することに成功する草があったとしても、いつかは、自分がほろびる番が来ることを知らされよう。ブタ草・セイタカアワダチ草がやって来て野山から土手、そして休耕田にまでひろがってこの日本の地を支配してしまうのではないかと思ういきおいだったのは、去年か一昨年ぐらいまでの何年間かのことであった。それについて、土手や道の草をとらず、野や山の草地の手入れをしなくなった惰農化の結果だという発言があった。農林省はなにをしているのかという非難もあって、これに同じような惰農化論をもって答えているお役人もあったのをおぼえている。一方、ブタ草もわが愛する雑草のなかの一つなので、特に差別することもなかろうと新聞に書いている人もあったのが面白かった。

だがそれら気ままな論議をよそに、当のセイタカアワダチ草は栄えに栄え、そののっぽでおどけたような頭を風に揺らせながら野山を黄色に塗りかえていく。そして制覇を完了した地では、次いで衰頽の時がやって来た。そこが面白い。そしてそこが大切なのだと、何となく気にかけていたのだが、いま私の頭のなかで、Kさんの雑草の発見ばなしと触れあったとき、「したり」の感なのである。

Kさんは有名な人ではないし篤農家というわけでもない。運動家でもない。にこにこ笑いながら話す顔しか私は知らない。そういう楽しいだけの印象のなかで、ときどき心に食いこんでくるようなことを言う人なのである。

Kさんは、雑草たちが共にあることを農の人として知り語る。それを裏がえして見れば、土は独り占めを許さない……となる。彼の素直な感動を裏返したりするのは正しいことではあるまい。だが、彼自身が「作物はいろいろ植えるのが本当だ」と結んでいる以上、やはり、これは農耕の暮しの人の土への対面についての理解の仕方を語っているのだと思う。

「雑草のように強く」とも言うが、それは真実の一つの側面でしかないこともこの農家のあるじは知らせている。あえて拙劣な補いをするならば、そう言いたいほどに強く見えるがその実、他の雑草とともに生きることが一番確かだ、ということになろう。作物を弱いものにしてきたのは人間なので、より多くの実や葉を採取しようとの欲がさせる余儀ない結果なのであるが、そのこととは別に、一つの作物で畑を田を占拠させて、それをすぐれた技術だとする錯覚の所産でもあったわけである。その錯覚をひた走りに走ってきたこれまでの日本での何十年間である。その何十年は、混播、作りまわし（輪作）、間作など、祖先の土とのつき合い方をふり捨てることによって何かを達成しようとしてきた何十年かである。

思えば、混播、作りまわし、間作の農法は、雑草の世界の中からひっさげてきた人間の生きざまそのものなのかもしれない。つまりは人間が雑草の世界の延長の上につくりあげてきた暮しかたそのものなのであろう。多分それは技術の範疇を越えたものなのであろう。則《のり》ともいうべきものに思えてくる。

二

「土が死ぬっていうことがあるもんだな。」

これは福島県会津のAさんという農家のあるじのつぶやきである。ヘドロで海が死ぬとか、カドミウムで田の土が死ぬとか、そういうのとは全く別のこととしてAさんは言っている。

事情があって十何年か人に預けた畑なのだが、それが帰ってきた。それから四年ほどになるが、何を作ってもろくに出来ない。一年ぐらいなら、預けておいた先で前の年に作っていた作物の影響ということもあろうし、肥《こやし》が切れたということにもなろう。だが彼はかねがね堆肥つくりにはまことに熱心で、馬を飼ったり牛を飼ったりして、その理由をフンをとるためだと弁じてはばからないという人物である。戻った畑にまず多量の堆肥を入れることからはじめたのはいうまでもない。たいがいのことはこれでうまくいく。彼は軽くそう考えていたのである。ところが畑の様子がおかしい。そこで二年目にはもっとたくさんの堆肥を入れた。(なおここで、彼Aさんは、堆肥とはワラや草に畜フンや人プンをまぜて積み込んだもののことで、これにたいして畜舎の敷きワラやフン尿を直接田畑に入れるのは厩肥《きゅうひ》といって、私にも納得できるつかい分けをしていることをつけ加えておく。)

次の年も次の年もと、入れる堆肥をふやしていくが、これまでのところ、それが全く空しい努力にすぎないことを知って、思わず「土が死んだ」とつぶやいてしまった。四年目のみじめなありさまの畑の畦《くろ》に立っての独白である。珍しく幾分しょんぼりした彼の姿をそこに見ることができたかもしれない。

水害で砂礫が運び込まれてしまった田や、表土をすっかり持ち去られた畑、肥料が欠乏してやせた畑、化学肥料のやりすぎや同じ作物の少々の連作でその土の性をゆがめてしまったような畑、そういう畑の土を、しゃんと立ちなおらせるには土の起こし方、作物の選択、堆肥の熟させ方とその土への入れ方などに彼一流の気の配り方をすれば二年ほどで充分であり、苦にするほどのことではない。そういう彼を知っているだけに、「死んだ」と彼に言わせるほどのこととは一体何なのかと、気がかりになる。

私としては、決してその畑の土の構造やら成分状態を分析してみたいというのではない。そういう化学や物理のするところの物性の問題としてではない。気にかかるのは、一人の百姓としての彼Aさんがその一枚の畑にむかったときに「死んでる」とうけとめるそのうけとめ方なのである。

何かの作物——たしか長芋と言っていたようなのだが——が、よいお金になるというので五年ほどつくり続けられたあとだったという。しかし、どうやら戻っての一年目に彼の一つのミスがあったようである。同じ作物を植えてしまったので、彼自身がマイナスの上塗りをしてしまったことになる。あとで気がついてのことだが、彼のような本物の百姓でも迂濶ということはあるものである。

技術者とか作物や肥料や土壌の学者であれば、この問題にむけて、難なく回答を出す方向で考え、教え諭すことであろう。それは連作障害だから土壌消毒をしなさい。土壌の養分測定をして不足成分を入れなさい。金属イオンの欠乏だからその補充をしなさい、等々。しかし、構造改善事業とか基本法農政にはじまっての近代化推進の政策や指導、教育、施設・材料・機械の売り込みの雨あられと降る中に半生を過ごして五十歳になろうとする、とりわけ勉強家のAさんである。ここにあげたような「科学的」といわれる方法があることは百も承知のことである。

思えば、連作障害を克服するには土壌消毒が、微量要素の投入が、不足三要素の補充が……、という「科学的」なる方法、つまり技術が、金になるからとの連作を可能にさせ何年も連作をさせ、そしてこういう土にしてしまった。だとすれば、この畑をこんなにひどくしてしまったその本当の元凶は、この科学的なる技術そのものであり、それをつかう、人間の奢りすぎだということになりはしないか。ここのところは私の想念である。しかし、Aさんの頭の中をおなじ想念が回転したと察することはできる。「これ、思いあがりのせいだね」とつけ加えていたからである。

土壌消毒をすれば土の中は一種の無菌状態になる。だが、そのあと、土の中には異状なほどの急変が起こる。土壌せん虫が急にまんえんするとか、特定の微生物が急増するとか、微生物がいないために土中の有機物が腐敗して悪ガスを出すとか、その土地の状態によってどの方向に急変するか予想はつかない。また何かを三年連作して、ある金属イオンたとえばマグネシウムの欠乏状態をつくってしまうと、その回復には十年かかると、学者は言っている。ところがそういう学問や技術は、だから連作を止めよ、と言うのではなく、だからその金属化合物を入れなさい、という。

本当のところ、それがとりもなおさず技術なのだと思う。その技術で彼の畑の回復をはかってみるもよかろう。一ときはよいようになるかもしれない。きっとなるにちがいない。しかし、科学でダメになった土を、科学で回生させた結果、早晩一層致命的な土の荒廃がやってくるのではなかろうか。

二度死なせることはない。

自分の中にも確実に住み込んでいる近代の農業技術をかざしての思いあがりが、この畑を死なせてしまったのだという認識を、自分の前に据える。そこから、どう踏み進もうかと思考をため込む。そういうとき、彼の体内に農魂がうずいている感がする。

三

「作りまわし」のことをもう少し続けたいのだが、輪作・輪栽・ローテーション、どう言ってもかまうまいとは思う。ただ、ローテーションというと借りもののように感じられる。「君、ヨーロッパはローテーション農法だからね、日本と同日には論じられないよ」と友人に言われたことがあるが、それがこの日本での今日の常識である。この常識が、日本にはヨーロッパのローテーション農法に相当するものがないという認識を前提にするのである限り、歴史を見ないことによる誤りだというよりほかはない。また、ヨーロッパのローテーション農法に学ばねば、との提唱に接することもあるが、もちろん大切なことだと思いながらも、日本にはそれがないのだからという意味での提唱だと気づくとき、日本の農耕もそういう歴史を持っていることを忘れないでほしい、と言ってみたくなる。

そういうわけで、私自身はこの国で農耕のことを考えるときにはローテーションの語をあまり使わないことにしている。輪栽、輪作は日本語だが、どういうわけかこの日本語からはヨーロッパのローテーションが頭に浮かびがちなので、日常なるべく「作りまわし」という言葉をつかうようにしている。「連作」にあたることばに「作り返し」という言葉があって、これに対して順ぐりに作物を植えることを「作りまわし」と言っていたようである。それほど古い言葉とは思えないが、明治のはじめごろの農家のあるじがこの言葉をつかっている記録があるところからして、徳川時代には、村々であるていど日常語にされていたように思えて、それで使ってみたくなるのである。

しかし、明治はじめの日本各地の農家の主人公が集まっての談合の記録をもとに類推してみると、「作りまわし」よりは「作り返し」の方が日常的に多くつかわれていたように思う。「我ガ村デハ同ジ地ニ同ジ作物ヲ作リ返スコトヲセズ」といった記録が多い。「作りまわし」つまり輪作は常識なのである。だから村の中では「作りまわしをしなさい」とか「作りまわしはよいことだ」などと口にしてみても、何の意味もないのである。だから、この語はだれも、めったにつかわないし、従ってつかったという記録もあまり残らない。そういうわけで、日本の農耕の歴史には輪栽はないという誤った常識ができてしまったのかもしれない。

作りまわしは、かつての農家にとっては当然の前提だったのである。だから、年寄りや経験者がだれかをつかまえて言うとすれば、「タバコの後作《あとさく》にはソバがよい」とか、「陸稲をまくならその前の秋にソラマメをまいておくとよい」とか、あるいは「エンドウはヒエ・アワの後にまき、ヒエ・アワは高く刈って幹を残しておけば、冬の風よけになるし、豆が春に出す幼いつるがこれに巻きつく」というぐあいである。まことに生活的である。こうした伝え教えは、作りまわしの順をどうするのがよいかの工夫や体験を言いあらわしている。あらためて作りまわしを説くというのではなく、作りまわしというだれでも当たり前としている農法が、人々によって充実されていく歴史を語っている。

面白いことに、日本の農家の祖先たちは、そういうことを体系的に語り伝えない。畑の作りまわしの全体像を示すような語り残しや書き残しをしない。この村ではタバコの後はソバがよい、と、ぽつりと言う。違う人が別な前作後作の組み合わせをする。そして、芋とソラマメは同じ地に六年は植えてはならない、などと、これもぽつりと言う。これは作り返しへの警告である。ナスやウリは五年に一度しか同じ地に植えるな、これもぽつりとである。親から祖父から、ときには祖母から、耕やしながら、あるいは炉ばたやかまどの火をくべながら、教えられ伝えられることなので、どの村にもそういうふうに断片的にしか伝え遺されていないことが、つまりはどの村にも作りまわしが本来のこととして存在していたことの証拠だと、私は思う。

実際、それらぽつりぽつりの伝え遺しを一つの村の一つの農家の何枚かの畑の中で組み合わせてみると、何十種もの作物が整然と配列され、三年五年十年という多様なサイクルのかみ合いとなって静かに回っているさまを、一枚の図に書きあげることができる。それを知るとき、確実に呼吸する私たち祖先の村と農耕の暮しを感じとることができて感動である。

秋田のリンゴ作り農家のあるじSさんは、かつて近代化の嵐の中でデリシャス系へ、次いでふじやむつへと統一品種化と専作化の道を歩んできたのだが、今では国光、紅玉、デリ、インド、ふじなど、リンゴの全季節のものを作って「オレの家では半年リンゴが成っている」と威張っている。なぜそうするのか。彼の最初の答は、「自分で食べるため」であった。半年の間いつでも木からもいだリンゴが食える。次の答は、自分も家族もリンゴ取りの仕事や出荷の仕事が楽になる、ゆっくりと楽しみながら仕事ができる、と言う。第三には、一つの品種で同時に成らせると畑の土が疲れるようだと言う。第四に、この方が虫や病気がつきにくいから農薬が少なくなると言う。ところがこのSさん、もう一歩前進して、リンゴ、洋梨、桃、アンズなど、その村で育ちそうな果樹のあれこれを雑多に植えることをはじめたのだから驚く。なぜそうするのかへの答は前と全く同じで、まず食う楽しみからはじまる。生活的だと思った。

徳川時代にはほとんどなかった果物だが、いま自分の果樹園にたたずむ彼のからだのなかに、祖先の作りまわしの農法の血がこんな風にして循環しはじめたのか、という感じである。

四

『百姓伝記』といえば徳川時代の代表的な農書で、かなり大部のものである。その現代訳のような仕事をしているうちに気のついたことがある。その中に田は「徳」が多く畑は「損失」が多いとあって、水田重視の傾向がはっきりしていることである。いくつかの農書のなかでは、特に百姓に近いところで書かれたとされているものなのだが、この一行には為政者としての、また指導者としての意識がうかがわれるし、その上百姓の無意識のうちにできていったのであろう認識の仕方が込められてもいるように読める。

さきに「畑の土が死んだ」という会津のAさんのはなしを掲げたが、その場にいた山形県の開拓村のOさんという人が、これをうけて、「五年間畑苗代（畑に水稲の苗を作る）につかった畑がそのあと五年間は何を作ってもうまく穫《と》れなかった」といっていた。畑が死んだ感じだ、とも言った。だとすれば、田の稲にささげられた畑の命ということか。田と畑の不思議な因縁ばなしでもある。

やや唐突だが、一年か二年前に作家の有吉佐和子さんがフランスの農家の畑で行われている穀物や野菜の混播あるいは混植の話をしていたのが思い出されてくる。今日の専作的な農耕への疑問を汚染の視角から投げかけたのである。草のことは草に教わればよい。農耕の本源的な問題の視座をそこに据えてみるとき、かの国でいま行われている混播混植の発見と紹介の意味が一層大きく感じられてくる。

さて、これまで農耕、つまり人と土とのかかわりについて、その真髄になにがあるのかをかいま見させるようないくつかの発言を再構成してみたのだが、不思議なほどにそれらはどれも田の中からではなく、畑の中からのものである。

かつて『百姓伝記』を誌した人も——どこのだれかは不明のままだが——今日農業を論じたり政策としたりする人も、農耕する村々の人たちも、あるいは日々都会にあって農産物を食べる人たちも、田を徳とし畑を損とする点では、時代の差も生活の仕方の差もないほどに一致しているというのに、農法の大切なところは田ではなく畑が教えてくれる。いったいなぜこういうことになるのだろう。もちろんその答をここに用意しているわけではない。ただそのことについて考えてみたいのである。

岩手県の人だったと思うが、「田の稗だって抜かずに生やした方がよい」と言っていた。実を成らせないようにしさえすればよい。稗は稲とはちがった根の張り方をするから、土の状態をよくしてくれる、という。まさに混播の論理であり、山形県のKさんの雑草の論理である。その幹や葉は稲ワラと一緒に牛に踏ませてから積めば、稲ワラだけの堆肥に幾分形のちがう素材が入ることになって、堆肥の成熟によい、とも言う。どこからそういうことを学んできたのかは、彼からは聞けなかった。

田に稗をはやせなどといえば、惰農の愚農のとののしられるだけのことである。一番ののしるのは上に立つ人なのかもしれない。それを恐れない彼なのである。

ここで大切なのは、田に稗をはやすそのこと自体について可否いずれに決するかという技術上の問題ではないという点である。三十年ほどの体験をつんだ、農耕にかけてはなかなかのつわ者なる彼が、今あえてそれを言い出すことの意味を考えているうちに、何かがそこで問われているように思えてくるのである。

田の中に雑草の論理を引き込もうというこの試みは、彼の試みなのか、彼の父か祖父かそれともずっと先の代の村のだれかの試みなのか。それとも、そのようなことではなく、もともとが田においてそうだったのを、稲以外のものを排除する強力な要請が外部から、上部から働いたからなのか。事実の経過はともかく、論理の構造としてそこまで考えてみたいのである。この論理の中では、稲もまた雑草の一つにすぎないという恐ろしいような命題がひめられているからである。

そしてこの論理からすれば、田は畑の延長にすぎない、そして、田は非常に特殊化された畑なのだ、ということになる。それゆえ今さらどうしようもないことなのだが、畑が教える農法の持つ内容の豊富さと限りない深さとからすれば、やはり畑に視座を据えた上で、田とそこに植え育ててある稲というものを見ることからやりなおすことをしてみてもよいのではないのか、と感じさせられるのである。

すっかり常識化された田の地位にかんする論理、そこにおける稲というものの地位にかんする論理、その論理の逆転ということになるかもしれない。だが、たとえそういうことになるとしても、あえて、稲を育てる技術においてではなく、稲を雑草の一つにすぎないところに位置づけた農法において田を見ることで問題を組み直すことを、考えてみなくてはならないのだと思う。もちろん稲だけでなく、他のすべての作物についてもである。

「信濃毎日新聞」一九七七年二月二十二日—二十五日　原題「『農』の思想」

農家にとっての田そして畑

農家にとって田圃《たんぼ》とは何か

一

明治はじめ頃の農家の人たちの認識には、その農作全体の中に稲作をどう位置づけるかということについて、微妙なニュアンスがかなりあったように感じられる。ただし、農家といっても、記録に残るような発言の機会を得ているのは、いわゆる篤農家ということになる。つまり村や部落にあって、一般の農家と全く変わらない農家でありながら、どこか違う、といった人たちの発言をよりどころにすることになる。そうせざるを得ないのである。

ここでの研究の素材とする農家発言は、明治十四年(一八八一)に東京で開かれた農談会と名づける催しの記録による。この会合には一府県から二、三人が参集する、いわば府県代表というわけで、つまりは、なみなみならぬ篤農家の勢ぞろいの場となったことは確かであろう。

さて、その中にあっての愛媛県伊予国越智郡蔵敷村から参加した原島聡訓という農家の発言に、冒頭次のような言葉が見られる。

「諸作物ハ総テ年々同地ニ播種スルヲ好マズ。然リト雖モ我愛媛県下伊予地方ノ如キハ土地狭隘ナルヲ以テ止ヲ得ズ米麦ハ年々種子ヲ同地ニ播種ス。」

この発言の中には次の二つの意味が含まれているようである。

第一には稲作の絶対性と排他性、そして第二にはそうした稲作の排他性への疑惑。

つまり、稲は水田に作られていて、この水田という耕地の特殊な形状の絶対性に手をふれることはできないし、ここに米以外の表作物を作ってはいけないという稲作の絶対性は皆の心の底深くに滲み込んでいる。しかし、「総テ年々同地ニ播種スルヲ好マズ」という農作の基本原則からするならば、本来水稲もまた例外とすべきではなく、稲の連年の作付は、やむを得ず行われているのだ、という含意をそこに読みとれるのである。

同種の発言例を二、三あげよう。

栃木県下野国那須郡鍋掛村西山真太郎氏。

「下野国九郡中作ニ種々慣行アリト雖ドモ概ネ水陸田圃共ニ昨年ノ作毛ヲ今年作リ返スヲ嫌フ。」

伊予国下浮穴郡佐礼谷村鷹尾吉循氏。

「米麦蔬菜多クハ連年同地ニ同種ヲ播種スルヲ嫌忌ス。故ニ我地方慣行トスル所ハ……」

このように稲作を他作と同列に位置づけようとする気持を口にしている例が、必ずしも多いわけではない。むしろ、ここに集った篤農家の人たちの多くが、その農作の話をはじめるにあたって、稲作を他作とは別格に扱うことを前提にしていると言った方がよいくらいである。

そして、米に特別な地位を与える多くの発言の中に、一見平凡だが次のようなものがあって関心をひかれる。たとえばこうである。

山口県周防国玖珂郡柳井村竹原要治氏。

「田地ハ専ラ稲作ヲナス。」

水田だけは米を植えなければいけないのだ、と、自らに説いているような言い方なのである。田と稲との絶対的なまでに強い結びつきを指摘して、これだけは例外である、とのべているわけでもある。ここでは田地という用語を使って、常時湛水するように灌漑施設を施したところの、特殊な形状と働きを備えたこの特定の耕地に特定の作物を植えつけることについて、それは変則的であるが理屈ぬきにそうするのだ、と語っているわけでもある。

おいおい見ていくことであるが、篤農家の人たちが畑地に作物を植えるについては、いずれもひと理屈もふた理屈もあってのことなのである。「どのような畑には何を」とか、「何のあと作には何を」とか、みな理由あっての作物の選択である。そのばあい、特定の作物の特定の畑との継続的あるいは反覆的な結びつきは例外的にしか承認していない。この点に関しては、あえて篤農と限定しなくてもよい。農家一般にしても同じである。畑と作物の選択との照応の関係は、このようなものなのであるが、田と稲作の結びつきについては、誰も理由をつけて説明しているわけではない。そこが興味深くもあり、大切な点だとも思うのである。

二

なるほど水田というものは、耕地をとりわけ稲作に適したものに作り上げてきたものであれば、そこに作目の選択の余地がないという理屈は成り立つかもしれない。だが、水田となった特定の耕地片は、水田以外の形状の耕地に転換することを許されていないがゆえに、水田は水田である。理屈っぽい篤農でさえ、水田となっている特定耕地の絶対性を先験的に口にするゆえんである。

水田の絶対性におけるこのような先験的な認識が作られるについては、それなりの歴史的な事情があることを思い浮べることが、このさい必要となってくる。

男子が六歳になれば二反の田を与え、女子ならばその三分の二の田を与えるという班田収授の制では、田を与えられて耕やし、そこに稲を植えて米を貢租として朝廷などにみずからの手で運び納めるという義務を果すことによって、存在を認められるものであった。そのことは、多くの農業史の書物が教えている。それら多くの農業史の書物は、大化の時代の農業の主体を稲作と明示している点でもおおむね共通しているようである。当時の民衆の農業的生活の主体が稲作にあったという理解を、そこから引出すことには、疑問はあるが、ここでは深くは立ち入らない。

次に、近世封建社会における農民と耕地の基本関係を作りあげた太閤検地の制度においては、地目を田畑に分けることを制度化している。耕地を田畑に区分して検地帳上に登載することは、田と畑を相容れないものとして制度的に固定することであり、これに「田畑勝手作の禁止」や「田畑成」

（渇水などで田作を畑作に切りかえることをさすが、これには願出による許可の手続きを必要とする）などの徳川の諸制度をあわせて見るとき、近世の全時期を通じて一貫している支配者の理念を知ることができる。

特定の耕地片が水田として固定され、これと稲作の結びつきの絶対性が、おおむね理屈ぬきのものとして、明治はじめの篤農家たちの認識の中にさえ定着するについては、こうした諸権力が、その変遷にもかかわらず、一貫して持ち続けて来た制度的規制があった。そしてまた、古代から近世の末期まで、各時代の権力による制度的な規制の目的は、貢租の徴収というただ一点にあったことも明らかである。

たとえば徳川期の開発政策の中にも、その一端をうかがうことができる。

「来年より本田に煙草を作るべからず、若し作るものあらば新田を開き作るべし。」（寛永十九年〈一六四二〉八月の令）

「たばこ作之儀米穀之費たる之間、自今以後本田畑に作るべからず、野山ひらき作り候儀者以前之如く可為格別事。」（寛文七年〈一六六七〉三月の布令）

「『農人は本田の租は上に輸めて雑穀の食ゆへ』特に新田を必要。」（正司考祺「経済問答秘録」。松好貞夫著『新田の研究』より。なお松好氏によれば、ここにいう本田とは徳川氏以前の開発に係る田畑屋敷地の総称である。）

一口に言えば、田は貢租のためにあり、畑は農家自らの食衣住のためにあるというぐあいの、政策的な田畑の位置づけがなされて来たわけである。

ここまで明治以前のことをふり返ってみると、貢租つまり年貢米について少し考えを立ち入らせて見たくなってくる。

三

それは、外国のばあいはともかくとして、日本に関する限り、貢租米の徴収は、農家で生産したものの一部を取り立てるといった従来の説明では、とうてい満足できないように思われてくるからである。領主による年貢米の徴収の仕方が、どのように苛酷であるかを、いろいろな方法で的確に説明できたとしても、その満足度の不十分さには変わりはない。

このばあい、米以外の貢租の割合が古代から中世へと縮小され、ついには、近世江戸時代に米年貢をただ一つの貢租形態とする原則ができあがってしまうことに、まず注意を払う必要がある。そしてその次に、田は、そのために、その時々の権力によって民衆にあてがわれた以外に、いかなる意味も持たないという点に、注意をそそがねばならない。

さて、農家の立場から見ると、自分との関係において、田と畑とは同じではない。畑はみずから耕やしその収穫物をみずからの衣食住に消費するためのものである。その畑作物が貢租の対象になるかならないかによって、この事情が大きく変わるわけではない。畑は、わが国では徳川時代という封建社会における農家の生活循環の一部を構成しているのである。

では、田はどうか。

農家にとって田は、年貢米生産のために、稲の栽培をすべく出かけて行く耕地である。田は、農家生産の循環の一部をなすものではない。もちろん、そのために家族は多大の労働を投下し、副産物と言われている稲藁で俵をあみ縄をなう。屑米や粃《しいな》は炊いて食べもするし、時には古米や古々米の備荒用のものを搗いて食べることもある。生活の循環の一部をなしていないというのは、そういう田が生活と無関係だということの意ではない。労働をするという点に関しては、稲作は家族生活のある側面では、最も重要な部分をしめてさえいるのである。

しかし生活に関係があるということと、生活の循環の一部を構成しているということとは、はっきりと区別して考えたいのである。

耕地で作物を栽培するということは、収穫が終るまでは、農家がその生活全体において、それにとり組んでいるということであるが、そのとり組みの成果たる収穫物が、何らかの形で食衣住に組み入れられることは、「農家生活における循環」の重要な側面である。

そのように見るならば、日本の近世封建社会における田が、農家の生活における循環からはみ出した存在であることは明らかである。これは、たんに米年貢の収奪のはげしさによるものではない。そもそも水田は、そこにおける作物栽培、つまり米の栽培を、農家の生活における循環の中に組み込むことを許さないという命令つきで、権力が農家へ分与したものだからである。

これまで、一般に農業史の書物で、水田稲作というものが年貢米徴収の対象として領主権力の強い関心の下にあったと記してあることに私は不満があるとのべてきたわけであるが、ここまできて、その不満の内容を明らかにすることができるようになった。つまり、水田は単に年貢米徴収の対象として領主の関心をひいていたというのではなく、水田は「領主の米」を「生産する場」そのものだった、ということなのである。

つまり、農家の生活と生産の循環に背負わせるかたちで、領主の米の生産の場としての田を与えていたということなのである。与えるというより預けたと言った方が適切なのかもしれない。

西洋の封建社会にあっては、領主はしばしば直営地を持って、そこに農民を出役させる。その直営地は、いわば「領主の穀物などを生産する場」であった。もちろんこれは、農民の生活の循環の外にあるものであり、農民の労力負担が、生活に与える影響はこの上なく大きかったにちがいない。また、農家がその生活の循環として続けている生産の中から、貢租を徴収されなかったということでもない。

しかし、ここまで考えをすすめてくると、わが国の徳川時代における農家の水田耕作には、ある種の直営地的な性格が含まれていることがわかるのである。それは、領主直営水田の耕作委託ともいうべきものなのである。

ここで、こうした水田の位置づけに関連することがら、たとえば封建地代の問題にも論及しなくてはならないのだが、先を急ぐので省略しよう。

四

さて、徳川時代の水田稲作が、農家の生活における循環に組み入れることを許されなかったからといって、水田稲作が、いかなる循環的要素とも無縁に継続し得たわけではない。

水田稲作には、独自の循環の仕組みが設けられていた。いうまでもなく、水田稲作が、農家の生活における循環と全く無関係に、単独に反復できるような完全な仕組みがありうるはずはないのである。徳川時代においても、水田を農家に分け預けるに際して主要な循環要素が付帯させてあったことはたしかである。即ち、

第一に、用排水の水利条件の付与がある。

第二に、採草地がある。

そして、あえてつけ加えるならば、裏作への寛容を第三にあげることができる。

第二点としてあげた採草地は、林地の下刈から秣場《まぐさば》に至る多種なものであり、刈敷（「かりしき」あるいは「かっしき」）として直接に水田に踏み込むもの、野積みの堆肥として利用するもののほかに、役畜の飼料・敷草として使ったあと水田に施される間接的な施肥給源ともなる。

いわば、稲作をめぐる自己完結的な循環を目指しての仕組みが、織田・豊臣・徳川の権力の移りかわりの下に、充実していったのである。そこにおける稲作関係の作業の労役的性格と、その水田の領主直営地的な性格化については、すでにのべたとおりである。

しかし、どのように自己完結的に仕組まれた水田であっても、領主直営地的である反面、それは「百姓持」の水田であり、農家から見れば、その生活の循環の一部をなす畑との間に、連続性のある耕地ではある。これは、その畑と田とが、地続きであるか遙か遠隔の間にあるかを問わない。生活に寄与するところ少ない水田稲作に、多大の家族労働を費やさねばならず、これが農家にとっての本来の耕地である畑での作業に与える影響は、この上なく大きい、これは、田の畑に対する連続性における負の要素である。〃負〃とも〃正〃とも単純に規定してしまえない連続関係もある。農家が、水田を自己の生活における循環の一部にするとすれば、耕起・苗代から肥培管理に至るまで、またそれらの時期、品種までみずからの主体性で畑作との関連で定めることになろう。水田の一部を畑に転換したり、水田の表作に水稲でない作物を栽培したり、という可能性も十分にあったはずである。そのことによって、畑の地力維持の循環が円滑に行われると考えられるからである。だが、その逆は領主の権力によってとざされていた。

そういう権力支配の事情の中で、農家がたどり求めた道は、二つあったように思う。

一つは、許された劣悪な条件の下での、畑の地力と豊度の維持の道であり、もう一つは、「御禁制」にふれないかたちで畑を主体とする農業生活の循環に水田をどう結びつけるか、ということである。明治初期の篤農家たちが語る栽培慣行と、その言葉のはしはしにうかがえる彼ら自身の肌における感じとり方の中に、それが示されている。

畑に作り上げられた農家の生活と生産の循環について

一

前章一節において、明治十四年の第一回農談会における何人かの発言をかかげ、その言葉の中にまずは水田の絶対性と稲作の排他的位置づけという認識がひそんでいることを確認した。この認識は、現代に共通するものだから私たちにとって理解しやすい。だが、こうした認識とは別に、あるいは、そうした認識を語る裏側に、水田の畑との連続性を訴えたい気持が読みとれるし、水稲作の他作との同列性を主張したい気持が感じとれることをも見てきたのである。

そして、水田について、そうした二面的な認識を持ちながらも、農家は、畑における地力・豊度維持のための循環を、畑作という範囲のなかで自律的に作り出すことを余儀なくされ、水田によって犯される生活循環の被害部分をも畑における循環によって補わなければならなかった。それは、麦・稗・粟などの畑作穀物を主食とし、それで生命と体力を支えながら水田におもむき、稲作のための作業を行う、といった関係の中に、はっきりと現れているのである。

先の栃木県下野国那須郡鍋掛村の西山真太郎氏の発言から抜粋してみよう。

「麦モ亦大小麦交換スルヲ良トス、又大小豆モ同ジ……」

ここに「良トス」と言う意味は、同種を「作リ返ス」（連作の意）ことは「病虫害ニ罹ル事多ク若シ右等ノ害ヲ免ガルルモ幾分ノ収穫ヲ減ズルノ損アレバ」なので、つまり「害」を避けるのに「良」なのである。いわば消極的な利益を説いているのである。

明治の篤農の言葉に「嫌フ」の語がよく出てくる。「嫌フ」といえば「いやち」（厭地・嫌地・忌地）」の意味を含め、積極的な「嫌ヒ」の意がある。大小麦の交換作は、大麦・小麦をそれぞれ「作リ返ス」ことを避けるためで、「嫌ヒ」の意を含めているものであると同時に、「いや地」というほどの積極的な「嫌ヒ」を言っているわけではない。こういうわけだから、大麦のあとに小麦を、と言っているのは、より良い小麦作のために大麦のアトにするのが良いと言う積極性をそこに見るのではなく、同じ麦類を作るとしても、大麦の「返シ作リ」は止めて小麦を作った方が確かだ、ということなのである。

「須ラク返シ作リハ」避けよという原則認識が、那須郡のこの村一円における農法の第一課ともなっていることの現れともうけとれるのである。

次いで、この西山真太郎氏は言う。

「大小豆及ビ烟草・麻・藍等ノ跡ハ最モ大麦ヲ良トス。」

「早稲及ビ粟・稗・荏《えごま》ノ跡ハ小麦ヲ以ツテ常作トス。」

「草綿・甘藷ハ毎年同圃ヲ好トス。」

大麦・小麦はいずれも冬作物であり、交互に作ることを良とするといっても、両者の間に少なくも一つ夏作が入る。野菜なら二作が挾まれることもあろう。つまり、先に見た大麦小麦の返し作りの「嫌ヒ」は、間に一作置いた上でのことなのである。大小豆は夏作物で、この返し作りの「嫌ヒ」も同様に秋冬の一作か二作を置いた上でのことである。なお、春に蒔いて初夏に収穫するもの、夏に蒔いて晩秋に刈り入れるものなど多様ではあるが、さしあたり、ここでは簡略化してのべておく。

さて、こうして夏作物同士の返し作り・冬作物間の返し作りについての農家の取組み方が、西山氏の話のはじめに出てくるのは興味あることであるが、今ここにあげた三つの前後作関係のうち、三番目にある「草綿・甘藷」を「毎年同圃ヲ好トス」は、これも当然冬作物を間に入れての連作歓迎ということにしても、連作を許す特例としてあげられているようである。

さて、次の点には「嫌ヒ」でなく「好キ」の関係がやや積極的なものとしてあらわれている。

「大小豆、烟草、麻、藍ノ跡ハ大麦」

これは夏作のあとの冬作の選択という角度での発言である。

大小豆・烟草……の跡ハというハの字が気になる。大麦ハ何々ノ跡ガ良イとは言っていないという点に、関心がひかれる。大麦ハ……の言い方ならば、「好キ」の結びつきに積極性があることになるのであるが、どうもここでの大麦とその前作の大小豆・烟草などとの結びつきは積極性に欠けるように思えて仕方がない。そういうわけで、「……ノ跡ハ最モ大麦ヲ好トス」は、「最モ」の強調にもかかわらず、消極の「好キ」の表現として受けとめたい。

その次の、

「早稲、粟、稗、荏ノ跡ハ小麦ヲ以ツテ常作」

だが、ここにも好キの消極的表現が読みとれる。……ヲ以ツテ常作トスとなると、「大麦ヲ好トス」よりも一層消極的である。しかし同時に、常作トス……つまりこうするのがこの村では普通なのだということは、際立ったよさがあるというわけではないが、無難で結局は一番よろしい、ということなのである。

こう見てくると、ここ那須郡鍋掛村の西山真太郎氏が、明治十四年に語る大麦と小麦の前作に対する「好キ」の関係は、同程度に消極的であり、同程度に確かな関係として、村の人々に認められているということになる。

二

ところで、この大麦小麦だが、多くの作物の中から最適作物として選ばれているのではなく、どちらかといえば二者択一の関係のようである。こうした関係は、農家がみずから食する穀物に水稲を算入していないことから、生じてくるのではなかろうか。

農家の主食の供給源は、夏作では大小豆・稗・粟・蕎麦《そば》など、冬作では大小麦となろう。また藺《いぐさ》など一部の作物を除けば、綿・なたね・藍など衣住にかかわるものや、烟草・甘蔗などの嗜好・調味的作物などは、大方春から秋の間の作物である。冬作は麦類を除けば、およそ野菜類に限られてしまう。この点からも、夏作の跡作の選択に、大小麦の二者択一の感が強くなるように思うのである。

換言すれば、田の米を食ってはならない以上、畑の冬作には少しでも麦を多く作らねばならない。麦といえば大麦と小麦しかないのだから、どの夏作のあとには何を植えるかといっても、大麦・小麦のどちらかを選ぶという次第になる、ということである。

大麦小麦の選択の根拠は、さきの西山氏の発言には示されていない。体験的に得た選択だからこそ村の中で普遍的で持続的となるのであろう。

体験的に、このような消極的な「好キ」の関係を普遍的なものにしたわけを考えてみたい。大麦のばあい、小麦よりも土の養分を必要とするから、土を肥やす効果を持つ大豆、またかなり積極的に施肥する烟草・藍などの肥料の残効を活用する、というねらいでの選択のように見うけられる。養分の少ない土地にも栽培できる、と篤農家の人たちが、この農談会で語っているところの小麦のばあい、施肥の少ない粟・稗・荏のあと作という選択がなされたのであろう。

ただし、これは、思考をすすめるための第一段階としての判断である。農家の人たちの作物の選択の論理を、このように技術的な根拠にだけ求めてよいかどうか、疑問がある。そればかりか、そうした方法が、今日の農業史学の非農業的な誤りの主因になっているのではないかとさえ思うのである。

冬作に大小麦以外のものを蒔くばあいの慣行として、「大小豆跡へ蕎麦ヲ蒔キ、其跡及ビ粟・

稗・早稲・里芋、藍ノ跡ハ冬鋤ヲナス。翌年又鋤返シ麻畑トナス」とある。

麻を作ろうとするときは、冬を休ませるのである。畑でのこうした冬期休閑が、麻という夏作のために行われるのである。この畑には、次の冬つまり麻の跡の冬作には、大麦を作ることになりそうである。そしてそのあとには稗・粟・荏といったことになろうか。里芋もこれに加えてよい。「前年藍・麻・荏等作リシ跡ハ里芋最モ適セリ」とあるからである。そして、この跡に小麦というところであろうか。

では、次の夏はどうなるだろうか。

前年荏を作った畑のあとには里芋がよいことになる。前年里芋を作った畑では、その返し作りは「嫌フ」から、大小豆・烟草・藍などとなろう。このあと、冬作を大麦とする畑と休閑にして春に麻を蒔く畑とに分れる。

夏は胡麻、冬は豌豆も大切な作物である。これらは「最モ作返シヲ嫌フ」とあって、要注意である。胡麻も豌豆も年々確実に蒔くにちがいないものだから、この「返シ作リ」の、「嫌ヒ」の積極性に留意して、他作との組合せを考えた上で、その年の畑を選ぶのである。

三

ここに輪栽(ローテーション)の必然的な形成を見ることができる。せまい畑ながらそれを細分化して、いくつものローテーションを併置することで、作物が作られているのである。その周期には、六年七年を経るという大きいものから、一年という最短のもの（連作）まで、大中小さまざまである。

ここで篤農家西山真太郎氏の叙述をもとに、下野国鍋掛村の農家が、それぞれの畑で実施していたにちがいない輪栽関係を具体的に整理してみよう。

次ページの表に見られる作付順序がその整理の結果である。

ここに見るように、年々一三ないし一六の作付区を、おそらく最小限必要としていたことがわかる。そして年々の作付区分の配置、つまり、どの畑の何の部分にはその時期その年に何を蒔くか、ということは、多くのばあい、必然的に定められるようになっていくのである。いわば作物の選択が規制されるのである。前作が何であったかによって、そこに何を蒔くかが規制される。前作による規制が弱いばあいでも、この跡にあるいは翌年にその地に何を蒔き植えるかを考えるとき、いま何を蒔くべきかがおのずと規制されてしまうばあいもある。概して、あと作が前作に規制されるわけであるが、前作があと作の制約を受ける面も重要である。

また、前後作の関係だけに、作物選択の必然性があるというわけではない。その年の夏冬それぞれにおける作目の配置とその割合が、本来一番大切なのである。

なぜならば、農家の生活における循環の中にあっての畑作は、その生産物が、貢租となるか、商品となるかに関係なく、他人のためではなく農家自身の生活のためにおこなうという基本の原理があるからである。販売することに重点を置いての作付ということになれば、生活と生産の循環との

作付順序 (栃木県那須郡鍋掛村)

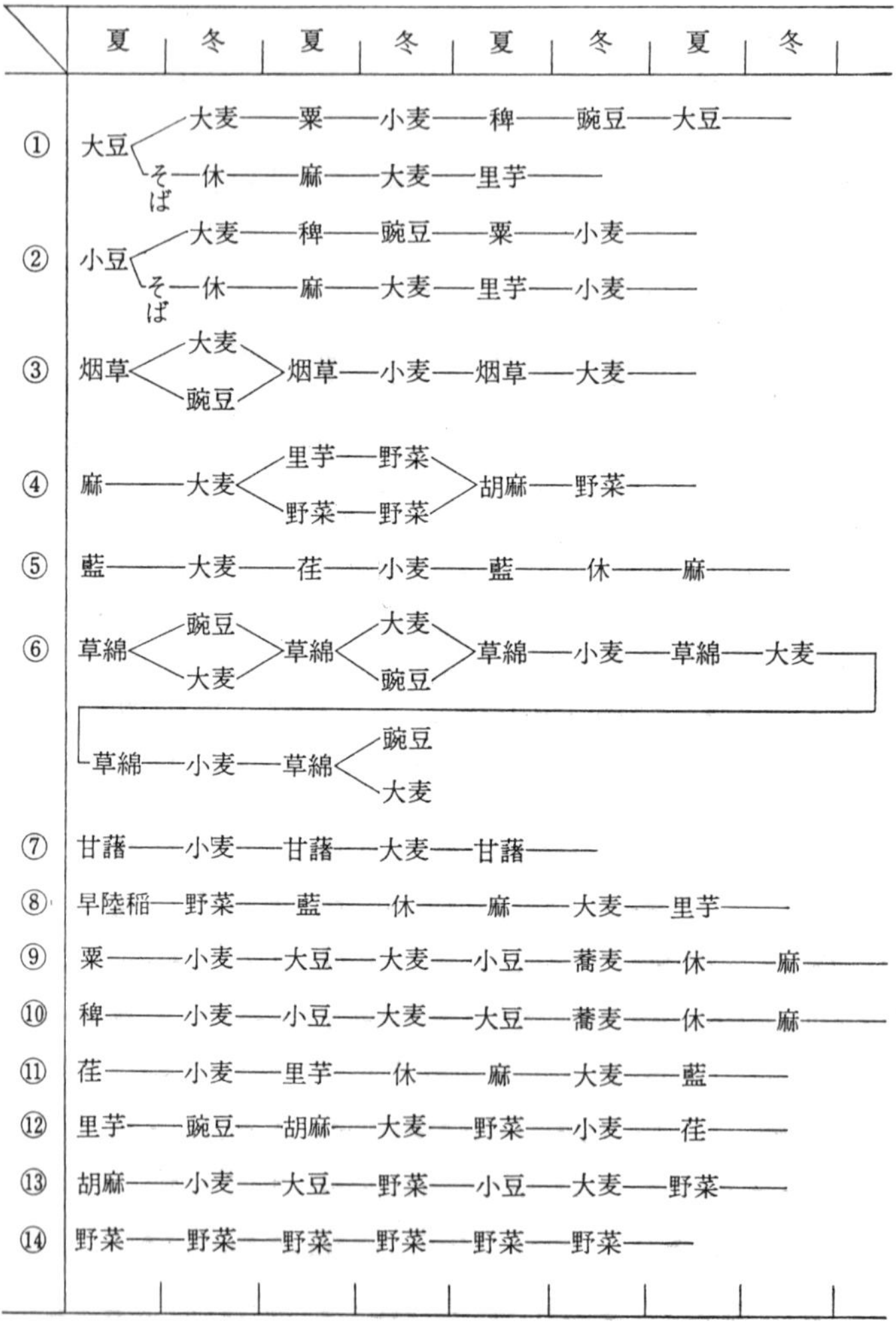

夏 冬 夏 冬 夏 冬 夏 冬
① 大豆
大麦—粟—小麦—稗—豌豆—大豆—
そば—休—麻—大麦—里芋—
② 小豆
大麦—稗—豌豆—粟—小麦—
そば—休—麻—大麦—里芋—小麦—
③ 烟草—大麦 / 豌豆—烟草—小麦—烟草—大麦—
④ 麻—大麦—里芋—野菜 / 野菜—野菜—胡麻—野菜—
⑤ 藍—大麦—荏—小麦—藍—休—麻—
⑥ 草綿—豌豆 / 大麦—草綿—大麦 / 豌豆—草綿—小麦—草綿—大麦—
草綿—小麦—草綿—豌豆 / 大麦
⑦ 甘藷—小麦—甘藷—大麦—甘藷—
⑧ 早陸稲—野菜—藍—休—麻—大麦—里芋—
⑨ 粟—小麦—大豆—大麦—小豆—蕎麦—休—麻—
⑩ 稗—小麦—小豆—大麦—大豆—蕎麦—休—麻—
⑪ 荏—小麦—里芋—休—麻—大麦—藍—
⑫ 里芋—豌豆—胡麻—大麦—野菜—小麦—荏—
⑬ 胡麻—小麦—大豆—野菜—小豆—大麦—野菜—
⑭ 野菜—野菜—野菜—野菜—野菜—野菜—

関係における作目の配置という、畑作本来の関係に狂いが生じてくるが、これは時代を問わず特殊な現象だと言っていいのではなかろうか。

四季の衣食を可能な限りその耕作でまかなう農家は、作目によって大小多様に多数の播種計画を設ける。それが輪栽との組合せで組立てられている複雑さを思うと、それはあたかも緻密に計算し尽した上のもののようでさえある。

もちろん、それは計算の結果なのではなく、体験が作り出した慣行や世代間の伝達によるものであるにちがいない。時代を問わずである。

ここまできてふと気づくことがある。畑のどこに何を植えるかには、必然性があり規制や拘束があると見てきたのであるが、これはかならずしも農家の外側から加わるものではないという点である。

起点にあるのは、農家みずからによる選択なのである。みずからの選択といっても、もとより自由気ままに選べるということではない。田畑の広さは決して十分ではない上に、田の方はその生活における循環から切りはなされているという絶対的な制約、領主・地主・国家、そして時代や地域や農家が個々にもつ事情により、農家は幾層もの外側からの規制要因の中におかれている。それらが、農家みずからの播種の選択の範囲に、大きな制約となっていることはいうまでもない。

そういう制約の下にあるにせよ、ここに見る複雑な輪栽の組合せにおける起点は、農家みずからの選択によるのである。そしてその選択によってすすめられる栽培のローテーションは、畑の土、作物の性質、四季の気候条件などとの関係で、大きく踏み外すことを許さない一定の軌道幅の中で持続するのである。

そうした規制が、土の豊度をささえ作物の成育をささえて、生活における循環を辛くも許してきたのであろう。

四

一五〇ページの作付表は、推測によるものである。そして、この作表にあたって筆者が留意したのは、できるかぎり単純なものに整理することであり、この村の西山真太郎という篤農家の発言に上っている「好キ・嫌ヒ」の範囲を、極力はみ出さないことであった。一農家が年々展開する作付の組合せと輪栽関係は、実際はさらに多様で複雑であったにちがいない。また、西山氏がここでふれていない野菜の前後作の「好キ・嫌ヒ」を加えれば、その多様さと複雑さとは、これに何倍かするだろう。

さて、ここで、一つ一つのローテーションの展開をたどって、その意味を考え、ことの真髄へ一層接近したいが、本稿では、付表の作付ローテーションのうち二、三についての考察にとどめることにしよう。

表一のばあい、大豆のあとは大麦にも良いし、休閑して翌夏の麻にも使えるというので、まずこのような輪栽となることが考えられるが、大小麦は二年という小周期を持ち、大豆は三、四年の周

期となる。

表三のばあいをみてみよう。烟草は連年作る。これは、当地が「烟草ハ銘葉著名ノ地ナレバ年々同地ニ植ユ」というわけなのである。「ナレバ年々同地ニ」の言いまわしには、本来なら年々同地には植えたくないのだが、の意を含めているようである。本来なら連作を「嫌フ」ところを連作するのは、銘葉の故、というのも少しおかしい。連作すれば銘葉が銘葉でなくなってしまいそうにも思えるのである。

察するところ、土壌作り・肥培管理などに、特段の配慮を施すことによって、年々同地における銘葉の収穫を得る、ということなのであろう。烟草に強い忌地が無いからできることでもあろうが、こうした事情の中には、ここでの烟草作りの連作は、農家の生活における循環に、なにがしかのゆがみを与えざるをえない。元来あまり多くない堆厩肥をそこに余計に投ずるだけでなく、そのための肥料の購入が必要となるかもしれない。循環のゆがみは、まずここからはじまる。そして、もう一つの重要な点は、同じ畑を烟草という一つの作物が年々占領しているとなると、他の作物のローテーションに活用できる畑の範囲が狭くなってしまい、こういう部分が拡がってくると、ローテーションがしにくくなるという点である。ここにも循環のゆがみの要因がある。

売ることを目的としての作物栽培が拡大していくことは、こうした循環の歪曲を大きくしていく。農家生活における循環のこのような歪曲は、たえず正常に回復されようとする。しかし、商品として売ることを目的とする度合いが、一定の線を越えれば循環における自己回復力はなくなるわけである。

得られた二つの疑問

さて、この稿の前半の部分では、明治初期の農家にとって、水田とは何だったのかを考えることに費やした。そして後半の部分では、畑におけるローテーションが、非常に複雑な形で多様に展開していた明治初期の様相を見た。ここでは一つの村について見ただけであるが、筆者は各地について同様の材料分析を試みている最中である。その一部を不十分なままで披露することを申し訳ないとは思うが、前半と後半を考え合せることによって、次の二つの点について、筆者なりの問題の所在を確かめることができるように思うのである。

第一の問題点は、田を畑と絶対的に相容れない関係にし、田と稲作の結合を神聖不可侵のものにしてきたのは、農家の主体による選択の結果なのではなく、権力の要請によるものであったのではないかということ。

第二の問題点は、農家の生活における循環は、畑との関連において成立していたのに、そのことを見逃してきたために、研究の視点がもっぱら水田におかれ、その結果として、農家の生活が作り出してきた循環を全く見落してきてしまったのではなかろうかということ。

こうした農業史の農業的再研究を土台の一つとして、現代の農家にとって水田とは何なのであるかを考えることは、破綻にひんしている農業的循環の回復にとって、かなり重要な手掛りを与えるのではないかと思う。

「協同組合経営研究月報」一九七三年二月号

Ⅲ 登呂

登呂は自分からは何も語ってはくれない。そこが良い。

はじめに

専門家が、啓蒙的に語り書いているかぎりでは、登呂遺跡は祖先の農耕の暮しを今日の私たちに知らせる典型的な遺産である。つまり、登呂には、稲を作り食う現代日本人との明確な連続性が示されているというわけである。

たしかに登呂遺跡は、弥生後期の平地（面）住居跡として見事で、そこに水田の遺構もともなって申しぶんのないものではある。しかもこれが静岡市近郊の平坦なところにあって、報道にも見学にもむいているなど、これを私たちの祖先のその時代の歴史の中心部に位置づけさせるに充分な要素を備えている。が、はたして専門家のいうとおりであろうか。

前史時代の住居の設定、あるいは集落の形成について、時代が下るにしたがって標高も下がるといった一種の常識がある。登呂遺跡は、こうした常識からは、およそかけはなれた立地条件の地に発見されている。その立地条件についてはのちに述べるが、標高の高いところから逐次下降をすすめてきた縄文時代人、弥生時代人の慎重さから考えると、これはあまりにも不自然な遺跡である。

また、日本の農耕は稲作よりはじまる、という定説は、戦前から戦後にまで継承してなお守りつづけられてきたが、それもようやく過去のものになった。焼畑という農耕の方法、そして稗、粟、芋、どれも確認されてはいないが、そうした作物が稲の前に登場してくる。もしも農耕するもの自身が主体的に稲作を選んだとすれば、長いことそれは消極的な選択と放棄のくりかえしであったにちがいない。田を拓くことから用排水工事まで、必要とする工事の規模が大きすぎるのである。

登呂の謎はもう一つある。定住地としての謎である。定住地の選択は、よりよい土地を求めて行われるとはかぎらない。家族の人数がふえる。集落のあたりの可耕地が耕やしつくされれば、食べるものが足りなくなっていく。誰かが外に出ていかなければならない。試行錯誤のほかに、そうした事情を移住の契機にふくめておく必要があるが、どのばあいにも、それは豊富な経験と凝集した慎重さが必要である。この登呂での選択行為はあまりにも軽率だったとしかいいようがない。その理由もまたのちに述べる。

あれこれ考えてくれば、この大規模な登呂水田団地は、集落とか部落とか言うわけにいかない。一つの権力の膝下の労働従事者であり、兵士にもなる人たちとその家族の住み働く場であったと考えてみたくなる。復原された倉庫などは、この支配者と一族が海からここに上ってきたのではなかろうかとさえ思わせる。そのあたりを、登呂の地に立って、あれこれ考えていきたい。

自然

川

安倍川を河口から五キロほど北上すると、地図の上で右、つまり東に静岡市がある。西の山あいから抜けてきた藁科川が、その静岡市のところで安倍川に合流している。藁科川は安倍川の半分ぐらいの大きさであろうか。

藁科川は、この合流点近くにも水源の山々を持っており、大雨になれば短時間で水かさを増し、合流点のところで安倍川を騒がせる。いっぽう安倍川はもう少し奥に山々をひかえている。その水源は、せまくて急な数々の谷川からなっている。本流も山間を流れる数十キロは、他に例のないほど急勾配で蛇行している。それが、静岡市から二、三十キロ上流にくると、突然ゆるやかになり、まっすぐに海に至る。そのゆるやかで豊富な流れが、上流の土砂を静かに押し下げ、西から合流する藁科川の横なぐりにあって渦をまき、東へ氾濫する。

安倍川が常時氾濫していた時代がある。そのころは、この合流地点を扇のかなめとして、北東から南にかけて、半径一キロ半か二キロの半円形に広がる地、いまいう安倍川扇状地に土砂を流し、常時水があふれ、何本かの川筋をつくっていたようである。その川筋はそれぞれ細く低く、長雨の

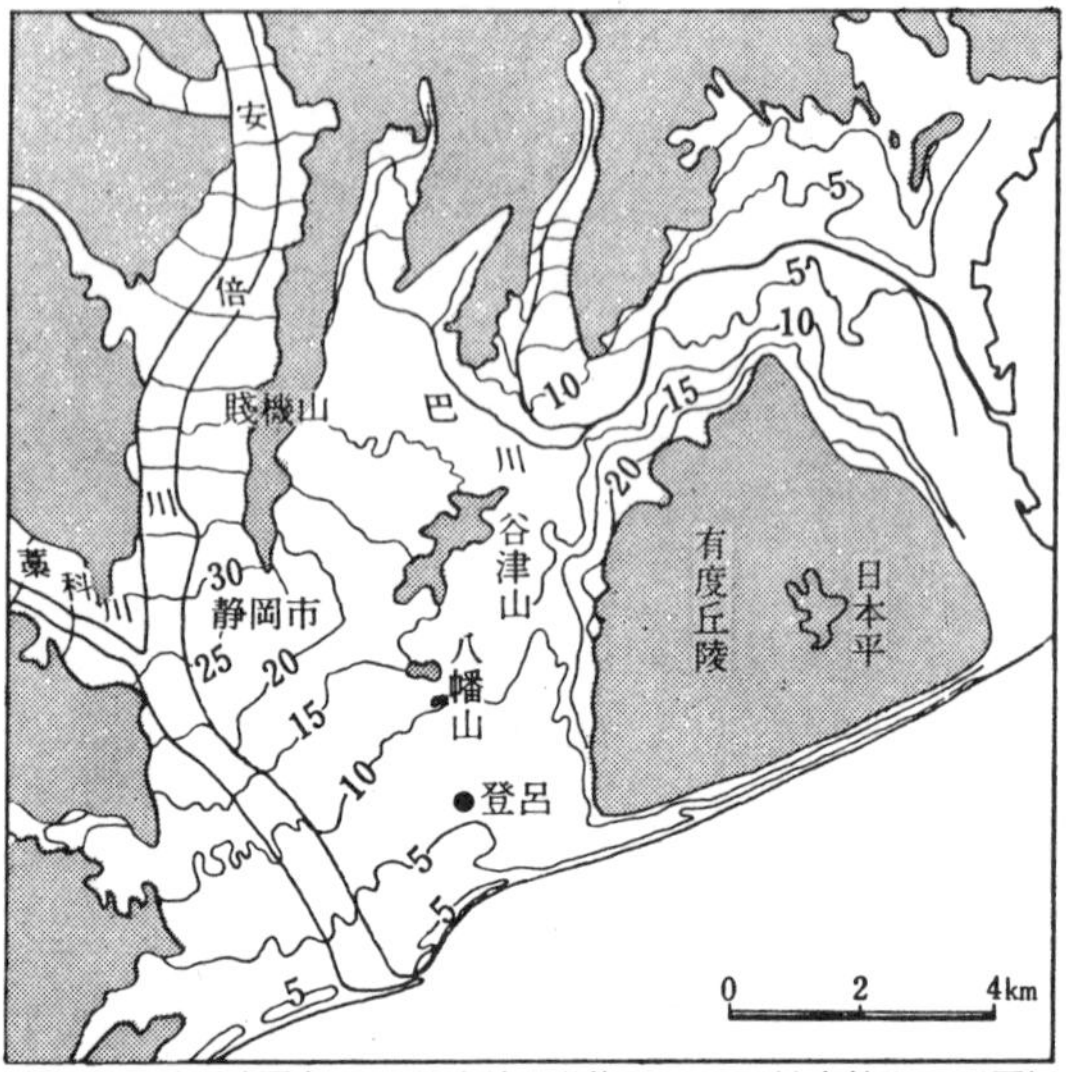

静岡平野地形略図（数字は等高線，単位メートル。松本繁樹氏原図）

ときには、すぐにも水に没しそうな自然堤防を川筋ごとにつくってきたという。その自然堤防の一つが、湿地とも沼沢ともつかない低地にその先端を没するあたりに、登呂がある。

その登呂を考えるまえに、安倍川のことをすこし考えてみたい。安倍川が平野部でまっすぐに流れるのは、藁科川の合流により、東側、左岸に自然堤防ができたからであろう。合流点付近は上流からの礫も多く、それが積み上げられたと考えられる。もちろん西側、右岸は、山がせまっていて、そちらへの屈曲の余地は少ないから、左岸同様、自然堤防はおおむね直線になる。こうしたわけで、安倍川は、みずからつくったまっすぐな自然堤防で形をととのえ、堤防をつき破って別の流路をつくることもなく、何千年か流れつづけたようである。

その安倍川の水が増水時には左岸の自然堤防を容易に越えていたと推測できる根拠について考え

てみたい。根拠の第一は、現在の静岡市から下流は勾配が小さく流れがゆるやかで、大きい石や礫が少なく、増水すれば自然堤防の上部の土は流されたり決潰しやすかったと考えられることである。第二は、結果からの推測である。自然堤防が強靱で、簡単に溢水しないようなばあいには、川はふつう蛇行しはじめるのだが、安倍川はまっすぐに流れている。これは氾濫があったことを逆に証明しはしないか。第三は、人の住みつきの歴史が比較的浅いことからの推測である。少なくともこれまでの記録によるかぎり、この左岸に一・五キロないし二キロの帯をなして河口までつづく低い自然堤防には、弥生期まで、あるいは古墳時代までに人が住みついた形跡は残されていない。遺跡が発見されていないからそこに人の住みつきがなかったとは言えないが、そこを定住の地として選ぶには、安倍川という川はあまりにも不安だったのではないか。

さて、常に氾濫がくり返されたと思われる安倍川の水は、みずからの幅広い自然堤防をひたひたと、時には滔々と越えたその先を、さきほどのべた小さい川筋がつくる自然堤防に妨げられたにちがいない。この自然堤防はいまの稲川から石田に及ぶ。稲川から北上すれば、今ならすぐに新幹線の静岡駅につきあたる。さらに北にとれば二キロ弱で城あとに出てしまう。石田から逆に南に下れば、さきにも述べたとおり沼のようなところに没してしまう。それらを思うと、堤防の長さは二キロ弱と見積るのが妥当である。

さえぎられた安倍川の泥水は、南の方、海にむけて流れひろがり、沼地の水位を高める。地元の地学者松本繁樹氏によれば「これらの自然堤防状の微高地は、周囲の低湿地よりもわずかに高いの

国土地理院発行の1915年測図「静岡東部」による

登呂遺跡付近図
谷津山
静岡市
南安東
森下
稲川
八幡山
八幡
有東山
有東
石田
登呂
馬渕
中田
中原
大里村
西脇
中島
安倍川

で、洪水の際には洪水面から島状に顔を出すか、あるいはたとえ冠水してもその浸水高はわずかである」とあり、氏も間接的にではあるが、この沼の水面がかなりのレベルまで上り得たことを想定している(わが郷土静岡刊行会編『わが郷土静岡』、江崎書店)。

このことは同時に、この沼地の水が海へ流出する途中で、海岸線によって、二キロほどの幅で阻止されていたことを示している。しかもかなりの高さにおいてである。稲川、石田間の自然堤防のあたりの標高は、現在五ないし六メートルである。前掲書中に松本氏が掲げている安倍川扇状地地下構造の断面図を見ても、たとえば敷地という海岸村のところで標高は七メートルから八メートル、その地質は砂礫と記されている。敷地村は登呂から、さらに一キロ余南下して海岸の自然の堤につきあたったところにある。

丘

安倍川の洪水は、稲川—石田の自然堤防に妨げられながらも、その裏側に回り、沼地の水面、東隣の自然堤防、つまり森下から有東《うとう》にのびる微高地を裾から浸し、これを湖上の細長い島としてしまう。その状態になったとき、稲川—石田の微高地はおおむね水面下に没してしまうことになろう。その頃には雨も上がり増水も止まるのが普通であろう。その水面がさらに東北にひろがって、八幡—小鹿間の自然堤防にまで及ぶことがあったろうか。近代になってからの地図から察するかぎり、その可能性はあるがしばしばとは考えられない。

安倍川の東から、東北へむけての三本の微高地は、安倍川の洪水の受け方からしても、また、南から北にむけてせり上がってくる沼の水との関係からしても、浸され方は順次少なくなっていく。「森下―有東」には有東山がある。その南の先は低湿地あるいは沼地であるが、北のはずれの森下では、次の八幡―小鹿の微高地と八幡のあたりで接している。そして、八幡に発する微高地は、駿河湾の海岸にむかっているのではなく、真東にむけて突き出され、有渡山《うど》（標高三百七メートル。日本平のある山）に接している。その接点が有渡山麓の村、小鹿である。

この二本の微高地は、登呂を考えるばあい、気になる存在である。

「八幡―小鹿」微高地の東端にあたる小鹿村は、有渡山を背に西、安倍川の方を向いている。小鹿の南隣は堀之内、さらに下ると片山・宮川・伊庄と、有渡山の裾を南へまっすぐに村々が連なって海岸線に行きあたる。山裾の村々が、まっすぐ海岸に至るというのは納得しにくいのだが、実はこの有渡山という山は、海につきでていたその半分を海蝕によって失ってしまったという。この結果、有渡山の南側はリアス式海岸のようになり、今日久能山の絶壁の地形となる。また、この有渡山の削られた部分が東に移動して清水の三保の松原の半島（三保分岐砂嘴《さし》）を形成している。そして、その原動力は安倍川の流れであり、安倍川の水が山からおろしてきた砂礫も三保半島の地に混入している。これらは十万年を単位とする昔の話である。

ところで、小鹿・片山・宮川、この三つの有渡山麓村で、それぞれ縄文時代遺跡が発見されている。このことは、弥生時代後期と判断されている登呂について、その意味を何度も考え込まさせる。

二キロないし四キロの先に登呂を見はるかす位置にならぶ、これら縄文の村がなかったとすれば、登呂の意味はどのようにでも語れるのだが、そうはいかなくなる。しかも、宮川村にいたっては、縄文早期からの暮しを想定させるものがあり、そのあと、縄文中期、さらに弥生中期のものも確認されている。そして、小鹿の村では縄文中期と弥生中期の遺跡が発掘されている。もとより、縄文早期と弥生中期とでは、考古学の時代区分によれば五千年も六千年もの期間がある。宮川村の地で、この間、人々の暮しが絶えることなく続いたと言いきるわけにはいかない。しかし、たとえとだえることがあったにしても、またここを住みかにする人たちが現れたのである。そういうことが何度かくり返されたのかもしれない。それにしても、このことは、ここを住みかに選んだ人たちが、生きるについての体験の積み重ね、それによって得た判断力と豊富な知恵をもち、かつここを住みかと定めるについて充分に慎重であったことを想定させる。片山・小鹿の両村についても、同様である。ただし、有度丘陵を東に置いたこの土地が、農耕の暮しに最適だったとはいえまい。

しかし、有渡山麓を北にまわれば事情ははるかに悪い。南に出れば断崖に近い。西に出れば、湿地と沼とそこに浮ぶ若干の細長い島があるだけである。やがてはその細長い微高地のどれかに移り住まざるをえない人たちがあるとしても、それはのちのことになろう。静岡平野をもっと北にたどれば、巴川の水系のあたりには南向きのほどよい山裾があるが、選択の範囲を静岡平野の南方向に限定させる事情——たとえば北部から住みつきの地を求めてやって来たといったことかもしれない——があったとすれば、結局この有渡山西麓ということになろう。

西向きといっても静岡平野は全体として温暖である。北関東や奥三河や美濃など、冬のきびしい地方とはちがって、西向きを絶対に避けなくてはならないということもなかったであろう。この山裾は、褶曲のある比較的緩やかな斜面である。山ひだの南向きの斜面に住居を置けば直接の北風を防ぐに充分だったかもしれない。土器の発見によって縄文遺跡だとされているので、その判定は確かなようである。腰をすえての定住がはじめられていたのであろう。

文化の転回

一般に定住と農耕は同時的にはじまると解釈されるのだが、日本ではその相関関係を厳密に考えないほうがよいように思う。日本では、人々が農耕を始める以前から定住生活があったのではないか。原始時代の移住の理由はさまざまである。年間の気温や自然条件の変化がはげしく、食物をほとんど得られない時期があるとか、台風、虫や野獣の大群による襲撃があって生活を続けられないほどの破壊や被害が発生するとか、あるいは狩猟の対象にしていた動物がいなくなるとかである。しかしこれらは概して大陸的ないし南方諸島的な現象である。四季に恵まれ、気候はおだやかで地形は起伏に富み、植物も動物も、量は多くはないとしても種類に富んでいるこの日本では、あえて移住しなくとも、生活を続けていけた。また豊富多様な自然の生物にたいする知的欲求を満たすだけの環境は充分あったにちがいない。

琉球列島のある地域の住民について、また南カリフォルニアのインディアンについて、つぎのような記述がある。

子供でさえ、木材の小片を見ただけでそれが何の木かを言うことがよくあるし、さらには、彼ら現地人の考える植物の性別でその木が雄になるか雌になるかまで言いあてる。その識別は、木質部や皮の外観、匂い、堅さ、その他同種のさまざまな他の特徴の観察によって行われるのである。何十種という魚類や貝類にそれぞれ別の名がつけられているし、またそれらの特性、習性、同一種の中での雌雄の別もよく知られている。

現在ごく少数の白人の家族だけが辛うじて生活している南カリフォルニアのある砂漠地帯に、かつてはコアウィラ・インディアンが住んでいたが、彼らは何千人という多数であったにもかかわらず、天然資源を取りつくすことはなかった。彼らは実に豊かな暮しをしていたのである。一見したところ自然の恵みに乏しいと思われるこの地で、彼らの知っていた食用作物は六十種、麻酔性、刺激性、または薬用の植物は二十八種を下らなかった。セミノール・インディアンのインフォーマントは、たった一人で植物の種・変種二百五十を識別している。

（ともにクロード・レヴィ＝ストロース『野性の思考』大橋保夫訳、みすず書房刊より）

ここ静岡の南岸に近い有渡山の西斜面は、「琉球列島のある後進地域」やインディアンの住む南カリフォルニアの砂漠地帯に比べ、気候も自然条件もはるかに恵まれており、植物の種類にも恵まれていたにちがいない。さて、「フィリピン南部のスバヌン族の植物語彙は一千語を軽く突破し、ハヌノー族のそれは二千語に近い」とか、ガボン人のインフォーマント一人だけから調べた八千語の民族植物語彙を編集し刊行したシャン氏のはなしなど、豊富な事例をあげたうえで、レヴィ＝ストロースは言う。

「このような例は世界のあらゆる地域からもってくることができるが、それから容易につぎの結論がひき出せよう。すなわち、動植物種に関する知識がその有用性に従ってきまるのではなくて、知識がさきにあればこそ、有用ないし有益という判定が出てくるのである。

かような知識は実際的にはほとんど有効性を持たぬという反論があろう。ところが、まさにおっしゃるとおりであって、第一の目的は実用性ではないのである。このような知識は、物的欲求を充足させるに先立って、もしくは物的欲求を充足させるものではなくて、知的要求にこたえるものなのである。」

残念ながら、日本にあって原始古代の人々が日常的に蓄えていた「知的要求にこたえるもの」の実態を知る方法はない。だが、確かめる方法がないということは、事実がなかったことを意味するわけではない。宮川・片山・小鹿と、南北にならぶ縄文の里の人たちが、焼きものをつくり住居を設けていたことの文化を、農耕文化という文化範疇にむりやり対応させることもないように思う。

草木合わせれば何百種類に及んでいたにちがいない有渡山は、その山の中腹までのほどよいところに焼畑を拓く時代がやってくる前から、ここを住みかと定めた人たちが知的欲求を満足させるに恰好のものであったにちがいない。子供たちはその知識を競い、草や木を使って山を自在にかけめぐって遊ぶ。大人たちは祖先から教え伝えられた知識や判断の方法に自分たちの新知識を加えて里の皆のものとする。やがて食用になる植物の選択、その収集の場所や時期の判断、加工・貯蔵の仕方の工夫が生れ、敷物や家を囲い葺く材料の選択、怪我や病気のさいの薬用へとすすんでゆく。生活文化とか生産文化が、このように、より包括的な知的文化を基礎とし前提として、形成されてきた時代があったのである。

とすれば、本格的な農耕時代は、ずっと時代が下って農耕一途に民衆がおかれるようになる時代のことであり、仮に弥生時代後期から古墳時代とそれ以降の一定の時期にあたるとしておこう。農耕一途の時代にあっては、これに先立つ時代の知的文化から、「有効性」を基準とする文化にかわっていくように思える。近代の、とりわけ西欧文明にあっては、この入れかわりが完全に行われてしまったことをレヴィ＝ストロースが指摘していると私は解釈する。ただしその転回は、西欧近代文明においてはじめてみられるのではなく、農耕一途になる段階でもすでにその兆候がみえはじめているのである。両者のちがいは、こういうことであろう。つまり西欧近代文明では意識して有効性を文化の基準とするに対して、農耕一途の時代では無意識にその路線をたどっていた、と。

宮川の里の縄文人たちの文化の価値は、農耕に結びつけてだけ評価しうるときめてかかれば、早くからここに定住農耕直結の論理を認めたい気持になる。それは、生産あるいは生活経済にとっての有効性にだけ、民衆の文化の意義を認めようとする現代の歴史認識の方法の、当然の帰結である。これをつめていけば、生産性だけに価値を求めることになる。そのことは、現代から原始古代を考えるばあいの想像力を衰えさせ、原始古代を透して今日の文化の意味を求める思考力を鈍らせることになりはしないか。そのことを、登呂を見るについても気にしないわけにはいかない。

住みつき

観察

宮川の里の人たちが、歩きなれていたにちがいない裏の斜面で、一息いれて腰をおろすとすれば西を向いてのことになろう。左手はるかに海が見え、右手の湿地の葦の原は、部落の足下まできていたであろう。そこから部落へは萱や薄《すすき》やさまざまの草の生える斜面であろう。湿地の先には細長く低い陸地、さきに述べてきた森下―有東の微高地が横たわる。有東には今日の標高で三〇メートルの小山がある。宮川の里の人たちが遠く眺めている時点が弥生の中期から後期にかけてのころであったとすれば、この小山とその近くには立木が遠目に見えたろう。なぜならば、これよりもさらに南の微高地の先端の湿地にわずかな盛り上がりをみせていたと察せられる登呂の住居跡の近くに、直径八〇センチを下らない立木の何本かが、その当時の根株の姿で発見されたからである。発掘報告には「森林址」とある。

「森下―有東」微高地に人が住む状態も宮川の里からはるかに望見できたにちがいない。少なくとも煙の上る状態ははっきりと見えたにちがいない。有東遺跡は、まだ発掘の余地を残しているといわれているが、弥生中期の終りの頃と考えられる土器・石器・鉄器はかなり多様に出土しているようである。

安倍川の氾濫がひどく、眼下の湿地が水でおおいつくされれば、海岸線の砂礫洲でとめられた水は西南にむけて流れ寄る。水は安倍川の河口近くで海に落ちていったようである。その状態は、有渡山の中腹から眺望していた宮川や片山の里の人たちの目には、まさに入江としか見えなかったであろう。事実入江あるいは潟湖であったとの見方が有力である。ちなみに、登呂の頃、つまり弥生の後期には、自然の脱塩が充分に行われていたはずである。それは登呂での稲作の可能条件の一つであると発掘報告書に記述されている（その真偽については後述する）。

有渡山の中腹から見て、低湿地がすっかり入江のようになってしまう頃、水際は宮川・片山の里にも近く、葦の根を洗うくらいにはなっていたかもしれない。その先の方に見えるのは、洲となって浮ぶ森下―有東の微高地だけになる。その延長上にある登呂と稲川―石田の微高地のあたりは、立木の幾つかの茂みだけが、その根を水中に没して立ちすくんでいるようにも見えた、といったぐあいであろう。宮川や片山の人たちも、有東の微高地と小山に住む人たちがあると知って、あそこなら大丈夫だと不安のない気持でそちらを見やったこともあったのではなかろうか。

一帯が湖か入江のようになったとき、有東からの細い陸地が森下で八幡につながり、八幡から東への細い陸地が小鹿で有度丘陵に至るとさきに述べたが、そのことは山から見る誰の目にも明らかになる。宮川・片山の里の人たちからすれば、山沿いに小鹿の里を経れば、有東はおおむね歩いて行けるところである。地つづきとでも言おうか。八幡・森下・有東などならば、自分らの里から移り住んでも、それほどの不安はないと思うだろう。事実、そこへ移住したものがあって、弥生中期の遺跡と目されるものを残したのかもしれない。あるいはこれらの里とは無関係に、別のところから来て住みついたのかもしれない。いずれにしても、葦は眼前の湿地に豊富であるし、畑も逐次拓いて食の足しになるほどのものはできたであろう。

熟慮

住居には、木材が大小いろいろとつかわれていたようだし、造作を組むのに蔦・葛もつかわれる。そのための山は不可欠である。しかし、そうした形に残るようなことだけではない。さきの「琉球の……」とか「南カリフォルニアの……」とかの引用に見られる日常的な知的欲求を満たすために、山を不可欠と考える時代の人たちでもあったにちがいない。怪我や病気の治療を草の茎葉や種皮に頼るかぎり、山は必要だし、草木に関する彼らの知識はその食を満たすにも活用されなくてはならなかったであろう。

弥生期になって有東に住みつきをきめる人たちは、森下・八幡・小鹿のコースを経なければならなかったろう。彼らも、宮川・片山・小鹿という山麓の古くからの里の人たちと同じように有渡山を日常歩き駆けて回ったにちがいない。山麓の古くからの里がそれを妨げようとしたかどうか、それは確かめられないが、有東や八幡に弥生の住居の里が設けられたということは、その山入りが妨げられていなかったことを語りそうである。でなければ、ここに住居をかまえようとはしなかったか、あるいはかまえてもその選択の誤りに気づいて、住みつづけることをあきらめたか、そのいずれかということになる。住みつくについての場所の選択には相当に慎重だったにちがいないからである。

造成宅地に居をかまえて大雨でその斜面が崩れたり、頼りに思っていた川の土堤が決潰して家を流されるなど、現代における住居地の選択の誤りは都市周辺で数えきれないほど報道されているが、古代やそれ以前では、里まるごとの住みかを決めようというのである。木を倒し、萱や葦の根株を抜いて土をならし、竪穴住居などを建て、畑をつくり、皆で暮すについて、選択の慎重さは当然のことであったろう。

建造物

土堤

登呂を弥生時代後期初頭のものとする報告がある。出土物から住居の時代を推しはかり、縄文時代・弥生時代・古墳時代などと定める。これは考古学的な時代の区分であるが、他に人類史としての普遍性ある時代区分の方法もある。旧石器時代とか新石器時代とかもその一つであろう。人間史として時代区分を提起している人たちもある。たとえば、鉄器時代を石器時代から分ける時代区分が人間の歴史にとって意味がある――もちろん現代をも含めて――とする主張がある。その主張の意味には充分の注意をはらっておかなければならない。

出土品によって推定された時代の順序で、あの里この部落というふうに住みつきがはじまったときめてしまうのは、あまりにも単純で危険が多すぎる。だがそうは言っても、さきほどらい見てきた有渡山の裾で、宮川・片山・小鹿の里が、それぞれ縄文早期・縄文中期、ついで、湿地につき出た微高地の有東が弥生中期の終り頃というふうにならべてみると、この順序は筋が通っている。さらに、もう一つ安倍川寄りの、洪水になれば立木しか見えなくなりそうな微高地の洲の先端にある登呂が弥生後期のはじめにあたるという報告を、これにつけ加えてみると、あまりにも整序され、辻褄が合いすぎているほどである。疑っても見たくなり、同時に疑う余地がないほどの明確さでもある。

登呂を発掘し、その原型を想定するにさいして、とまどわされることが一つあったにちがいない。「これらの住居址の床面は、当時の生活地面と同じ高さであるから、それは竪穴住居でなく、平地住居であることがわかる。」（杉原荘介『登呂遺跡』中央公論美術出版）

そういう住居址が、昭和十八年に一箇発掘され、昭和二十二年に再開され二十五年に「完了」（登呂遺跡調査特別委員会は二十五年を以て登呂遺跡発掘「完了」を宣言している）するまでの発見分を合わせると、一二箇にのぼっている。引用を続けよう。

「床面は小判形が多く、二例だけに角丸方形をとっている。床の中央か、やや奥に、青粘土を敷いた炉がもうけられ、ある時は入口寄りに石が置かれる。（中略）床の四隅には柱穴が掘られ、その床には柱の沈下を防ぐために礎板が置かれている。この床をとりまいて土堤がめぐり、屋根の垂木を受ける。土堤の内側に板をさしならべて壁を造る。外側には小杭をさしめぐらして、土堤を保護しているが、この小杭の根本は、また土中において他の横木で補強されている。」

これを読めば、平面住居とはいっても、竪穴住居を穴の深さの分だけせり上げたようなものである。これははたして平面住居であろうか。住居にめぐらせてあるものが土堤でなく、木にせよ草にせよ土にせよ、壁をなすものであったなら、平面住居構造の論理によるものだといえよう。あるいは、土堤と名づけてよいものであっても、その厚みが薄く壁に近いものであったならば、両面を板や杭で密に当ててあるのだから、壁への転化の過程だと考えられもしよう。が、なにしろ土堤の厚みがおおむね一・五〜二メートルもある。この点は、一二の住居にほぼ共通しているらしい。高さ三〇センチで二メートル幅の土堤を内径六メートルから八メートルほどの円形・楕円形・角（隅）円方形にめぐらせてある。住居の大きさにたいして、これは少々バランスを失している。

そこで見方を変え、これは竪穴住居址なのだとしてみる。家をつくるべく丸く住居部分を掘り下げてみるが、周囲の土がくずれてきたりするので、板をならべて打ち込んで防いだというふうに想像してみるのである。するとその二メートル外にめぐらせた杭の打ち込みは何を意味することになるか。水はけ用にめぐらせた溝のためのものか。だが、その見方にも無理がある。土堤の内壁と見られた板は、実は板壁で、外の杭の円形との間に土がつめ込んであったわけではない、という推測は当っていそうでもあるが、屋根の構造、垂木との嚙み合いに無理があるのかもしれない。そこで、結局、調査報告にある土堤説に素直に従うことになる。それにしても、二メートルという、城砦か火薬庫でも連想させる厚みは納得がいかない。

この登呂の住居址の床と、このあたりの地平が同面であることは、土の状態や土質の対比で確認されている。土堤と言われているものの内側の板の円形の列と外側の杭の列の間に、当時びっしりと土が詰められていたという推測は百パーセントの裏づけを持っているとは考えられないが、調査報告の中で土堤にふれた最初の二か所では、「此等の住居址は、何れも平面が小判型で……、これをとり囲んでいる幅二米、厚さ《ママ》二〇糎ばかりの土堤とからなつて居り」、あるいは、「板羽目と外側

復原家屋（登呂博物館蔵）と 住居跡（明治大学蔵）

との間隔、即ち土堤の幅は二・一〇米前後を普通としてゐる」などと土堤であることが疑う余地もなく前提とされている。多分その通りなので、疑問を提起する必要はないと見てよかろう。しかし、この推測が正しいとしても、あらためてその土堤をなんのためにつくったか疑問が湧いてくる。

内側の羽目板は地下に一〇センチ打ち込まれ地上部分は二〇センチくらいと推測されている。(のちの調査で羽目板はさらに長いものと訂正された。他の例、たとえば第一号―四八住居址〔一九四八年に発掘されたことからこう略記。〕では、地下二〇センチ、地上三〇センチと報告されている。)板の厚さは掘り出されたとき半センチほどだったが、事実はもっと厚かったろうという。幅は五センチないし一〇センチというところだったろう。これが百枚ほどである。これに対して外柵は三〇ないし四〇センチの先のとがった杭が二百本ほど打ち込まれ、その根のところに補強の杭が水平に外からあてがわれているという。その本数はどれほどか。石の斧や鉄の斧をつかっていたと推測されているが、いずれ土堤材作りは相当に手間のかかる仕事だったにちがいない。しょせんこの幅二メートルの手間を食う土堤の意味は、第一に、先にのべた竪穴構造の論理に帰する。第二には、これも劣らず重要な意味を持つのだが、水防である。

竪穴住居方式の構造上の根拠は屋根ふせとの関係にあるように思われる。寄棟にせよ円形にせよ、屋根を壁なしで組めば、屋根の大きさにたいして住居として使える空間が狭くなるからである。*

* 「住居の種類は、床の位置が地表面より低いか、おなじかあるいは高くつくられているかによって竪穴住居・平地住居・高床住居にわけられる。」『日本の考古学』Ⅱ(縄文時代)〈河出書房刊〉の縄文時代の竪穴

住居の説明部分の一節である。このあと弥生期を通じ、また古墳前期までの一般民衆の住居もおおむねそうであったようだが、長く長く竪穴住居の時代がつづく。竪穴・平地・高床という構造の論理のちがい、あるいは系統性について、単に進歩の順序だとしてすますわけにはいかないように思う。

竪穴住居では軒が直接平地面に据えられて乗るのだが、登呂のばあい、竪穴を掘り下げないのだから、軒の据えられる地面を竪穴分だけ持ち上げなくてはならない。つまり土堤をつくるという理屈ではなく、周りの地面を持ち上げるという理屈である。もちろんそれは結果として土堤になる。そして、持ち上げた地面は、ていねいに羽目板をならべ、外柵打ちしておかなくては、掘り下げたばあいとちがって崩れやすい。

ではなぜこうした竪穴住居の底あげのようなつくり方をしたのであろうか。言うまでもなく、地下水位が高いから掘り下げればすぐに水が出るし、また大雨が降ればすぐそばの安倍川の水が容易に自然堤防を越えてこの微高地をも覆ってしまうからである。おそらく安倍川が溢れるほどではない雨でも、しばらくつづけば、冬以外はいつでも百メートルと行かないところの葦の根元まで来ていたにちがいない沼の水が、次第に住居のあるあたりをおびやかし、南東にむけられていたというその入口に流れ込んできそうになったろう。二メートル幅の円形の土堤は、初夏と秋の雨の多いあいだ、何度も水の浸入を防ぐに役立ってくれたであろう。長雨ともなれば、萱か葦かでつくられていたという扉を開けてみれば、住む家は、沼地の水面に、土堤に守られて孤立のままの状態だったろう。そしてその状態が何日たってもかわらないことも少なくはなかったであろう。水がひくときの水の流れは、水位が高まるときよりも激しい。土堤の外柵の杭の何本かは流され、土ももっていかれる。

「本住居址〔第一号—四七。著者注、以下同じ〕においては、これ〔土堤のこと〕を繞る柵が二重に観取された。この柵は住居当時において二重であることが必要でなかったことは、住居址の南隅において、柵が接して一重になつてゐるところがあるので知られる。それでこの柵は、外柵と内柵が時間的に前後の関係にあるものであることが分る。（中略）柵は外方へ、そしてより高く補修されていつたものである。」（日本考古学協会編『登呂』前編、昭和二十四年、毎日新聞社刊。引用部分執筆者は後藤守一、杉原荘介氏。なお昭和二十三年—二十五年度の調査報告は、『登呂』本編として昭和二十九年同じく毎日新聞社から刊行されている。）

発掘調査報告者が推測したこの関係は、たしかにありうることである。もっとも、外側の新柵と内側の旧柵との間の時間差を想定させる材料はあげられていない。徐々に破損したから新しくしたのであろうか。そうだとすれば、人々がかなり長くこの第一号（四七）住居に住んでいたことになるが、気になるところである。杉原荘介氏が前に掲げた本の中で整理しているところによると、一号—四七住居址は「二度以上建てなおされており、床面下には多くの炉址と礎板が認められる」。ほかに杉原氏は、一号—五〇、二号—五〇の二軒についても一度建てなおされている、とその著書で述べている。建て直しの回数のことはともかく、氏に建て直しと判断させるような手直しが必要な年月の経過があったことはたしかだろう。それが三年だったのか五〇年だったのか、それとも百年二百年もたっていたのか、その判断は自由とは言うものの、そう長い間のことではなかったと判断したい。もしも百年を単位とするような経過で登呂の生命を見ることができるのだとすれば、これだけ良好な状態で発掘することのできた東西三百メートル、南北八十メートルほどの平面のなかで、もっといろいろのもの、墓とか、かまどとか、作業場などの発見があってもよさそうなものである。さらに住居そのものについても、単に土堤の外柵の補修や柱址の礎板によって判断される柱の位置の変化のあとや、「前に小判形をしていたが後では角丸方形になった」(第二号―五〇住居址について特記されている)といった、等々の変化は、小さすぎはしまいか、という疑問も浮んでくる。

倉庫

高床式の倉庫と推測されている遺構のある点が次に気になるところである。

「われわれが発見した倉庫址はNo.1―49住居址に接して二個が知られている。これらは四本柱による高床の倉庫であったと思われる。柱は地表面か、地表上二、三〇センチの所で折れている。地中には約一メートルから八〇センチが入っていたと思われる。梯子その他の資料からすれば、地上一・六メートルのあたりに鼠よけのための鼠返《ねずみがえし》がはめこまれ、その上に床が設けられ、これに足かけのための刻みの入れられた一本木の梯子がかけられていたらしい。上屋がどのようなものであったかは想像が困難である。おそらく収穫された米を穂につけたままのものを貯蔵したのであろう。」

（杉原荘介『登呂遺跡』）

土中一メートルほどと地上少々の柱の遺物、鼠返しと判断された木の遺物、その他同じところから出た若干の木片、それらをもとに三畳ほどの広さの一つの木造の構築物が想像できる。これが倉庫と断定されているのは、おおむね同時代のものとして静岡県山木遺跡の倉庫木材遺物、伝讃岐出土の銅鐸の絵、あるいは唐古遺跡から二個出現している土器片の陰刻などから倉庫の全体的姿を想定してのことであろう。そこに米を貯蔵したとの想定も、山木・唐古両遺跡についての認識が前提となっているのだろう。そして同時に、水田と判断された遺構がこの住居近くに出現したこととも関連しているのだろう。二つの倉庫址には米あるいは籾の遺物・残痕・圧痕は一つも発見されていないのだから、遺物自体からは、倉庫は米の貯蔵のためのものだとの判断は容易に出てこないからである。

土器に描かれた倉庫（唐古遺跡出土）

　また、「米を穂につけたままのものを貯蔵」という点についても、引用文にも断られているように想定によるものである。古代稲作に、穂首刈りという収穫方式があったことは農業史上の通念である。古代中国の資料がこれを裏づけているし、考古学では、櫛のような形をした石庖丁という出土品が、穂首刈りにつかわれたことは定説である。したがって、この高床の遺構が米の貯蔵倉庫だったとすれば、貯蔵は穎《えい》穂（稲の穂先）の形であったと想定することもうなずける。ただし、一片の籾殻《もみがら》も発見できないのだから、これは二重三重の想定になる。即ち、第一に倉庫であると想定し、第二に貯蔵品があることを想定し、そして第三に穎穂の形の貯蔵を想定する。この一見大胆な想定もさしあたり否定の余地はなかろうが、そんな想定ができたのは、やはり「水田の登呂」とまで広く人々に印象づけてしまった問題の「水田」であろう。

この構築物そのものの意味、そしてこれを倉庫と断定することの意味を考えるばあい、やはりさきの「水田」とのかかわりで考えねばならない。なぜなら、寝起きの場所を掘って低くつくり（たとえ底上げという形式をとっているにせよ）、逆に貯えの場所を、木材を組んで高床にするというコントラストが、いかに貯え物を大切にする気持からとはいえ、居住意識とは素直に結びついてこないのである。そこは私が考古学に素人だからかもしれない。

蛇足ながら、竪穴住居址に高床の倉庫が弥生期にはっきりと確認できるのは、静岡県伊豆の山木遺跡だけのようである。弥生期における貯えの施設は、一般に竪穴である。たとえば板付遺跡では「円形の袋状で、口径は約一mから二・六mぐらい、深さ一m、底は口辺よりやや広く、形は方形である。」（前掲『日本の考古学』Ⅲ）とある。これらは、竪穴住居に暮す人々がつくっていった貯蔵方法にふさわしい。まことに実感的で、調和のとれた自然な関係を見るようでさえある。

だが竪穴住居のための三〇センチ程度の掘り下げさえかなわなかったこの低湿地の中の微高地登呂で、一メートルといった貯蔵穴をどうして掘ることができよう。掘れば地下水がわいて、とても使いものになりはしまい。弥生の中期後期となれば、先にのべたように、貯蔵を伴う暮し方が一般的だったと言ってよいようである。貯蔵穴をつくれないようなところは、住みつきの場所としての条件を一つ欠いていることになる。もっとも、冬の気温がそれほど低くならないこのあたりでは、四季を通じて有渡山が提供してくれる食べものはあろう。それにしても、定住生活をしながら、一切の貯蔵なしで、有渡山か、あるいは北の方十キロほどの山々を巡っての食べもの集めは容易なことではなかったろう。貯蔵に甕や壺を利用することも考えられる。登呂の報告によれば直径五〇センチ程度高さ七〇センチ程度までが甕・壺の大きさの限度と推測されている。甕や壺に貯蔵したとしても、それはわずかなものだったろう。そこで高床の倉庫が意味をもつことになってきそうである。

だから倉庫があるではないか。

しかし、私は、どう努力してみてもそのように素直に論理を展開させていくことができない。さきほどは住居における竪穴性と高床の倉庫との生活実感上のバランスがとれない点をあげた。体験と工夫が積みかさねられてくれば、貯蔵のために地下と地上を同時に別々の用途に使うことにもなろう。地上は穀物や木の実、あるいは乾燥したものを保管するのに適している。地下は芋類や野菜類など水分のあるままで保管しておきたいものや、醱酵醸造飲食物の貯蔵に適している。中世以降なら、これは農耕する人たちの常識だが、この区別はかなり早い時から意識されていたのであろうと思う。

貯蔵という意識はたぶん地下から始まったのであろう。地上に置くものは、何らかの形でただ地上に置けばよい。地上放置してはぐあいの悪いものについて、地温・湿度などの有効性に気づいて穴掘りをすることになる。そう考えてよいように思う。穀類などは、竪穴住居にあっても、壁の段上に置けばよいので、そういう事例もあげられている。つまり地上倉庫はなくてもすむが、地下貯蔵穴がなければ困るのである。そしてこうも言えよう、地上倉庫は地下貯蔵倉を代替するものではない、と。

もしも、登呂の倉庫が現在専門家によって復原されているような、板倉造り風の手のこんだ木造倉庫であるとしたならば、芋や野菜類や新鮮な果実なども貯蔵しなければならない採集生活や農耕生活をするものからは、こういう貯蔵の発想はでてこないのではなかろうか。

実際、もしここに住む人たちが日常の必要からつくったのだとすれば、なぜそれほど高い床にするのか。農耕する者にとって貯蔵庫とは、常時食物をとり出しに行ったり、ものをしまいに入ったりするところである。いちいちはしごをかけての上り降りでは不便でしかたがない。また、鼠返しが重要視されているし、私も興味をひかれるのだが、採集・農耕する人たちが、みずからの体験と工夫とで野鼠を防ぐことに腐心したとすれば、もっと手近かな材料をつかったのではなかろうか。ところが鼠返しには、他の建築上の諸部分同様、都《みやこ》の建築様式をさえ思わせるものがある。

換言すれば、登呂に住みついている人たちが、暮しとのかかわりで、みずからの契機で、高床板倉風の倉庫を設けたと思うには無理がある。そしてさらに言うならば、登呂に住みついた人たちといま述べたのだが、その住みつきそのものに自主的な契機を考えることにさえ少なからぬ無理を感じるのである。その無理の延長上に、高床の板倉造り倉庫がある。

田の跡

推測鳥瞰図

登呂遺跡と聞けば、まず水田の遺跡・稲作の遺跡という印象が浮んでくる。そして、登呂によってこの日本の水田稲作の初期の様相が明らかになったこと、とりわけ当時の水田の規模（このばあい、水田一枚当りの大きさとか、推定五〇区画という一団としての大きさをさすことが多い）が明らかになったことがこのうえない収穫とされている。登呂はその矢板で仕切られた姿で二千年近くをすごし、今日水田と認められている遺構によって、その歴史的な意義を高く評価されているのである。だがそれにもかかわらず、これまでもっぱら、住居と、その近くにある高床式の木造の建物に関心をむけてきた。それは、住むことのはじまりかた、そしてさらにその展開の仕方にたいする関心のよせかたが強すぎたからなのかもしれない。

私自身は祖先の農耕の暮し方を考えるについて、これまで、何をどのように栽培し、どのように食し暮していたかという関心の持ち方をしてきた。登呂を見るについても、稲作・米作りについての疑問と期待とが先行していた。しかし、登呂への接近度を高めるにつれて、私の意識の持ち方は変わってきたように思う。

私は、登呂遺跡全体の中で、水田と想定されている遺構の、面積またその態様が示す重量感の大きさから、米という古来日本で一番大切と言われてきた物を作る、つまり物を作ることに祖先の歴史の歩みの価値の基準を置いてしまい、その当然の結果として、住みつき住みつづけることの価値の基準の置きどころをなくしてしまいそうになった。そのことに不安を感じたから、前節まで、住みつきについて、るる述べたわけである。今日の日本におけるように、物を作ること、その作る物の量の多いことに文化の基準を置き、そういう目でものを見ることに慣れきってしまっている状況の中では、この登呂の意味を水田遺構の規模だけに見ることの方が素直に通用しそうである。そうであるだけにいっそう先述のような見かたをしていきたくなるのでもある。

一二の登呂の住居址の一番東端の住居址に立ってまっすぐに海の方に向くと、およそ五〇メートルほどのところに、水田と判断された一枚目の区画があり、その先へとおよそ一〇枚の区画がならぶ。これを第一列目としよう（これは発掘報告書で設定されている順序や列番ではない。報告書にあるナンバーや記号は、発掘の年度、発掘の順序などによって逐次つけられたもののようで、前後左右の順にはなっていない）。この一列目の左側つまり東よりに、次の区画の列がやはり一〇枚ほど並び、さらに左へと三列目四列目が並列している。かくて四列に四〇ないし五〇の区画が、海に向けて長く矩形の中におさまって、まことにきちんとしている。また一枚一枚の区画は左右に長目の矩形か正方形に近いもので、おおむねきちんとした方形風になっているので、その並び方もまことに整然としている。ここにある一葉の図がそれである。

もっとも、その全容を鳥瞰した現代人がいるわけではない。昭和十八年の最初の発掘が戦争に邪魔されて中止になり、そのあと、二十二年の発掘再開では発掘範囲を拡大できなかった。軍需工場

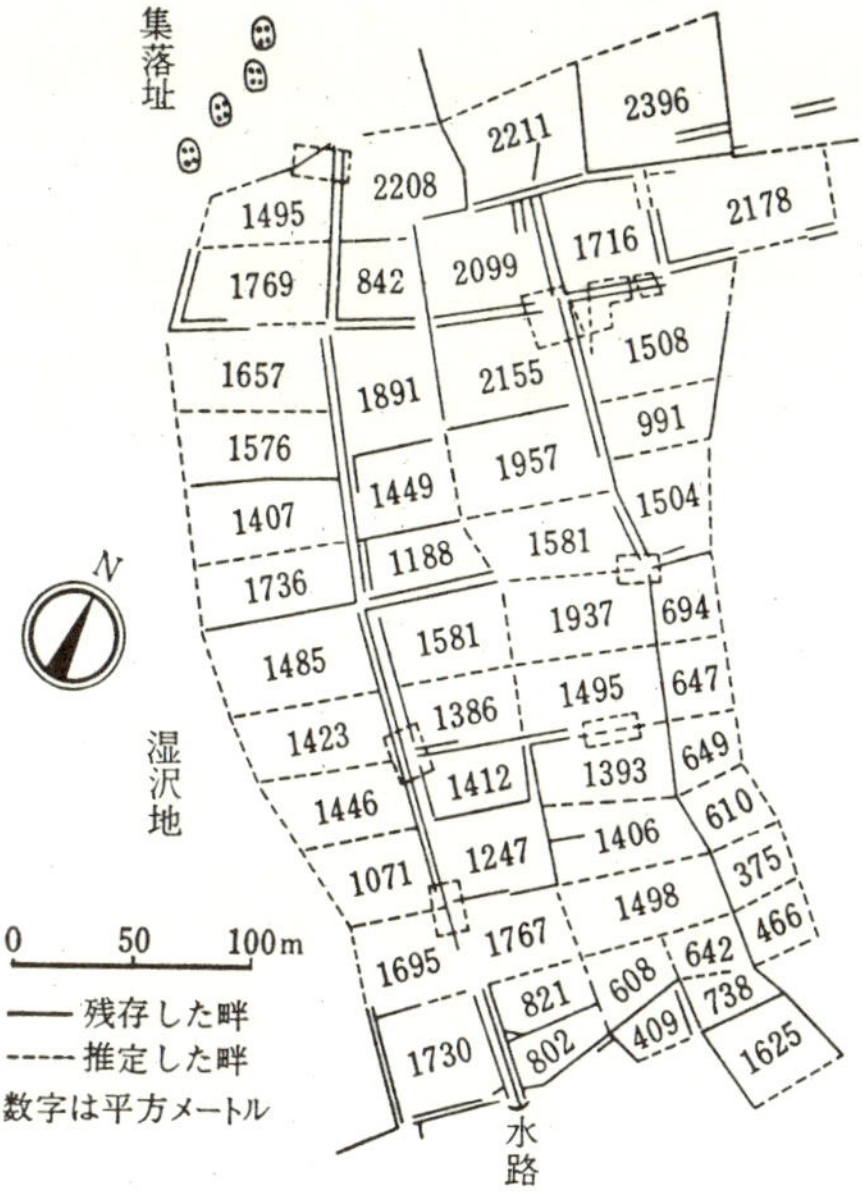

登呂遺跡水田址全図（杉原荘介氏原図）

建設や爆弾の落下、水田と塩田の急造成と、わずか三、四年のあいだに、いろいろのことがあった。十八年の発掘時に確認した弥生時代の板や杭が広い範囲で失われたり、区画それ自体が原形を失ったりというわけで、二十二年時点での発掘については、「水田址については殆んど絶望に近かったし、しかも既に植付けられた稲苗を犠牲にして遂行するにしても、増水季ではあり、湿地帯での発掘には

幾多の障碍があった。そこで水田址の調査は、各所に稀に残存する杭や矢板の分布を辿り、昭和十八年露出した当時静岡市復興局の手で作製された実測図に対照したのと、現在の新畔の一部に遺存した旧畔を発掘し得たに過ぎない」（前掲『登呂』前編）というぐあいだった。これにその後の発掘の成果をつけくわえてこの図のような推測的俯瞰図となったのである。これが弥生当時のもののすべてを現しているのかどうか、もちろん断定できないが、調査終了にあたっては一応全体に近いものを掌握したと判断されているようである。

さて、この四〇枚から五〇枚にのぼる区画は、掘り出された二列の板の並びによって確認されるわけで、「一直線に並列する柵が、大体一定の幅（一メートル内外）にあり、「この二列の柵間は……柵の両側の泥土よりも固い堤防のやうになつてをり、地固めを行つた一種の通路と見られる」とも報告されている。そしてこの柵は住居址地に近い高さでほぼ水平に作られ、「地固めはその水平面まで行はれてゐる」ことから、この部分は通路として作られたものだと報告されている。そしてこう説明されている。

「但しこの構築物の拡がつてゐる範囲内で、東北より西方又は南方に進むに従て軽微ながら少しづつ低くなつてゆく。それは斜面をなしてゐるのではなく、殆んど肉眼では確認できない程度の段をなして下がつてゆくかのやうである。これは地盤の緩かな傾斜に従つてゐるかと思はれる。」（「水田址」の章担当執筆、八幡一郎氏）

この通路は、タテヨコに走って「相互」に「恰も碁盤目状をなして交叉してゐる」ともある。碁盤目と言うと全体が四角の中に納められているように読めるが、そうではなく、縦長の格子縞の着物の袖を見ている感じと言えばよかろうか。

区画一つの面積は、『登呂』本編をまとめる段階では最大七二六坪、最小二五五坪で、平均すると六三〇坪になったという。

そして、この区画内を埋めている泥土の中に、一定の深さで「屢々木製遺物が発見され」その深さは通路と推定した柵列の上面より大方二、三十センチほど下になる。このことから次のような推測が報告されている。

「木製品が大体同じ深さの所に存在するのは、この区画内に水が張つてをり、木製品がその水面に浮かんでゐたまま埋没したか、区画内に一定の深さで水平に近く泥土が堆積してをり、その堆積面上に木製品が散在してをつたと見られる。こうした状態は、畔で囲まれた田の面を想起させる。」

これできまったわけである。「田」そして「畔」。それで納得がゆくのだから、聞く方も日本人、説く方も日本人だからこその結論であるとつくづくと感じる。この引用文を何度か読みなおしていると、これで水田と畔であることが立証されたと感じた後、あらためて別の問いが浮んでくる。

木製の遺物のいくつかが同じ深さから掘り出されたことは、これが水面に浮いていたことを示すという推測は面白い。しかし、浮いていたものが、その水準のままで埋没するということは起りそうもない。

たとえば、びっしりと壁をなしている柵の囲いの中で水に木器が浮いていて、そこに何かの理由で土砂がおおいかぶさってきたとしよう。水面は急に上がり、土が多ければ泥水となって柵を溢れる。木器もその勢いで柵を越して下流に押し流されながら土に埋まっていくか、泥水の中で浮上しながらも土砂のはげしさにまきこまれて埋まるか、流れの方向に押されながら柵に行きあたって埋まるか、というところであろう。

また、浮いていたのではなく土の平面上にあったとすれば、これが田面ということになる、と報告されている。この方がまだありそうである。しかし、急傾斜の山裾で土砂崩れにあったりすればともかく、登呂のような平坦なところでは、埋める土砂は、それよりはるかに多量の水とともにやって来るとしか考えられない。そういう全く常識的な判断からすれば、田面に木器があったとしても泥水に浮いたり押し流されたりして大半はどこかに行ってしまい、そのごく一部が土砂にかこまれて固定することになろう。どこかに行ってしまう部分は大方海に流失するであろう。

そう考えたばあい容易に浮び上がる状態は、こういうことであろう。つまり怒濤の泥水には住居址の西方の安倍川の自然堤防を越えて来るものもあろうが、その主流は、北西、森下―有東の微高地を洗いつつうずまきながら押しよせてくる。その流れに浮き沈みして漂って来るのは、木の枝や株、萱・葦・荻の茎葉や根株、木材、そして諸木器類の数々であろう。そして登呂のおびただしい木柵の列がまだ土や砂礫の下に埋まらずに泥水の流れに抗しているとすれば、そこにこれら漂流物がひっかかり、そのあたりで一部が土や砂礫下におさえこまれることもあろう。このように考えると、登呂の地に発掘されたという理由で木器が登呂のものとするのもむずかしくなる。

埋没

もっとも、登呂の埋没については、今のような見方(「自然堤防説」と言われているもの)のほかに「地震説」「地盤変動説」があるが、これらには難点が多いと言われている。しかし、だからと言って自然堤防説を最終的な結論にはしがたいとも言われる。

自然堤防説を成立させるためには、「一回の洪水によって可成りの分量の細泥が堆積」する条件がなければならず、そのためには「洪水がなるべく長期間一個所に停滞する必要がある」のだが、こうなるには、この地の先の海岸線が高く、平常でもかなりの水位で水が溜って湖のようになっていることが必要になる、と地学者グループは報告している(『登呂』前編)。

そして地学者(報告書での執筆者は多田文男、岡山俊雄氏)は、そういう湖があったとすれば、その水位は海面よりかなり高くなければならないという(「五メートル弱としたほうが好都合」)。ところがこの湖ないし沼沢は、他面では潟湖であったとするに足る証拠がいくつかある。潟湖とは海水の出入りする湖のことである。潮入りの所に生える「しおくぐ」という植物の実が遺跡から発見されているのも、その証拠の一つである。登呂の地先の湿地沼沢が潟湖だとすれば、五メートルなどという湖面高は得られない。地学グループは、その先の解答を出すのに無理はしない。しかし、この点について考古学者は、次のような明解な結論を出す。

「さきに登呂村の北西側には北東あるいは北の方から流れてきた、かなり大きな河のあったことを述べた。すなわち登呂川が氾濫して〔発掘調査にあたってこの川を想定、このように命名したのである。昭和二十二年度の調査報告では地学グループは「砂礫帯には当時川が流れてゐたと説く人もあるが、さう考へるべき材料はない」としていた。一九七ページ参照〕、流れに近い方には砂利、遠い方の一面に土砂を流し、これをたてつづけに三回くり返して、一瞬にして登呂の村も水田も地下に埋没してしまったのである。高床倉庫の柱の倒れかたからみると、土砂をまじえた洪水は北西から南東へ向い、この登呂の村を襲ったのかもしれない。」（杉原荘介『登呂遺跡』）

砂利層が三段になっていることから洪水を三回としているようである。だが、今日確認できるほどはっきりと砂利層を変えて見せている三回の洪水という推定と、それが登呂を「一瞬にして」埋めたとする推測には、相当な距離がある。それはともかく、このような考古学者の筋を通しての苦心の解明と、地学者グループの慎重さを対比してみると、前者は、登呂を「弥生の水田聚落」とする結論を、基軸として先ず固定している。後者には、そうした強い要請と期待がかけられ、それに応えなくてはという気持と、地学的確認の経路での当惑とがあって、微妙にちがった結果になっているように見える。

また、それが原因になってのことかもしれないが、これまで引用の中で、両見解（厳密には考古学者の見解と地学グループの疑問点提起）の中で事実確認の明らかな相違点がある。それは、登呂を埋めている素材を、考古学者は「土砂」と表現し、地学グループは「細泥」と表現していることである。これは想定や推測や判断の問題ではなく、事実をどう表現するかというだけのことである。

地学の方で細泥と言うとき、泥の粒子一六分の一ミリ〜二五六分の一ミリとする約束がある。そして、そのシルト（沈泥）の沈降速度という、おおむね動かし難い条件を考えて先の推論を試み、難問にぶつかっているのである。洪水があって、登呂が長期間泥の下にあり、沈泥がすすんだのだとすれば、前記の木製遺物は大方浮き上がってしまうし云々ということになり、それらの出土位置を田面だとすることがいよいよ難しくなる。

一方、「登呂川」という「大きい河」の所在についてはどうか。川があったように見せている礫層の帯は、安倍川が静岡平野扇状地をつくる過程で広範に流れを拡げ、洪水をくり返していた結果なのである。もっとも昭和二十三年以降の調査で、登呂西側の礫層群が、住居址がつくられた微高地の層（登呂層と呼ぶ）よりも新しく堆積してできた、とされたことは考古学者たちを力づけた。（つまり、地学者たちは、住居址の北側二、三十メートルのところで、登呂層が第一号〈四八〉住居址の炉址面〈海抜六・六四メートル〉よりも一・五メートル以上も低くなっていると指摘し、さらにそれがさきの礫層群の下側にまで続いていることを確認したのである。登呂層のこの低位部分について、彼らは「この部分は、当時、沼沢性の湿地か、またはほとんど流れのない川筋であった」と推測している。）

田？

さて、地学グループは、弥生の頃から今日までの二千年弱のあいだに、静岡平野あるいは安倍川扇状地が数メートル隆起していると述べている。いろいろの角度から立証していることについてはここでは省略するが、ただその立証の上で、登呂の近くを通過させて作った静岡平野の断面図を掲げ、隆起を考えなかったら、登呂の住居址の地先の「水田化は当時としては不可能に近かつたであらう……」と誌していることをあげておきたい。

この推定断面図で見ると、住居址のあたりは海抜一・五メートルほどのところにあり、住居の地先の湖面は海面よりもいくらか高いということである。こうなると、住居址の中でもっとも低い住居の床としていた地面と湖面の差は数十センチにすぎなくなる。その数十センチという標高差の中で、湖面にむけて四百メートルという長さで二列ないし四列、左右にも十数列の木柵がびっしりと打たれ、それが「碁盤目」をつくって、五十ちかくの区画がつくられた、ということになる。目に見えぬほど緩やかに段をつけた傾斜になっているというこの柵の先は、地学グループの断面図では

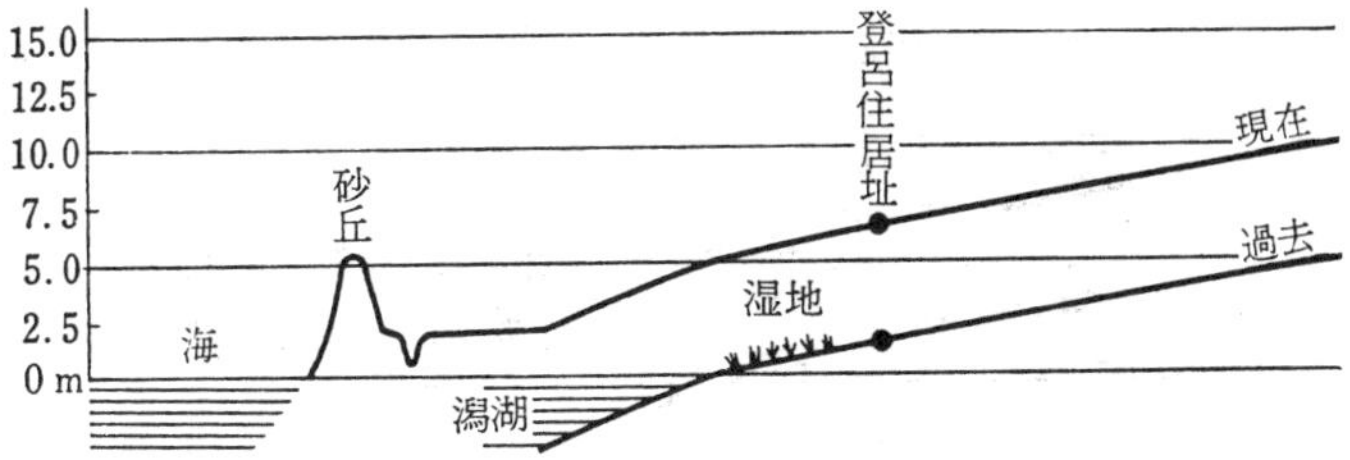

登呂付近，静岡平野の断面（多田文男，岡山俊雄氏原図）

湿地とある。この微勾配の湿地が終ると勾配は急になって湖面となる。湖になるところから勾配が急になっているのは、湿地の葦の原と湖とは平常はっきりした境をもって分れていたからであろう。そして少々の雨でも、その境は消えて水面のつながりになる。＊

＊　地学者グループは、水田址の地域が、安倍川の後背湿地であったとする『登呂』前編での立場を基本的に維持しながらも、本編では、水田面が、さきの住居址北側の低湿地面と比較して一メートル前後も高いことから、それほど過湿の水田であったとは思われないとしている（住居址北側の低湿地面と潟湖との関係は直接的にはふれられていない）。このことから「弥生式時代の水田の多くが、自然灌漑の可能な過低湿地を利用しているのに、登呂では湿地面より一段高い平坦面を利用しているというこの事実は、灌漑技術の発達と、それにともなう水田適地の評価を示すもの」という、前編とはほぼ逆の結論を導きだしている。

登呂の沼沢あるいは潟湖にむけての、この木柵列からなる構築物を、もしも完全に予見なしに検討しつづけることができたならば、「水田」と「畔」、という断定には、容易に到達できなかったろう。それなのに実は調査のかなり早い段階で水田と畔という判断が下された。以降は、水田と畔の遺構であることの確認を深めるため、そして、どのような水田と畔とであるかを明らかにしようとするための探究ということになっていく。多分日本人であれば大方そうするにちがいないのだが。昭和十八年の最初の調査で、その前提が定められてしまったのであろう。

水田と畔の遺構だという判断がまちがっていたと言いたいわけではない。ただ、その判断の肯定の仕方があまりにも素直であったために、田に稲を育て米を穫ることと私たちの祖先のかかわりについて思索を深める契機を豊かにはらんでいるはずの登呂が、美しく復原された過去の、ただの顕彰碑のようになってしまいそうに感じられてならない。それだけのことなのである。

塩田？

登呂の現在標高六・五メートルは隆起によるもので、弥生の当時は一・五メートルていどだったという地学者グループの推定は、登呂に一つの落ちつきを与える。細泥沈積の事情もわかってくるし、第一、たとえ目的が何であっても、びっしりとならべた堅牢な木柵の構築は、水をよけもし溜めもするためであろう、それなりに意味あってのことだろう、ということになる。

完全な陸上であったなら、長さ一・五メートルの先の尖った矢板を仮に五〇センチ打ち込んで高さ一メートルの柵ができる。これで二反歩ほどの広さを囲んでいたとすれば何が考えられるか。牛とか豚とかの動物を囲い込んで飼育する、それとも……。いずれにしても、それを必要とする強い力の持主あってのことだろう。これを五メートル沈めて登呂を沼沢・潟湖に接する標高一メートル強の地だとすれば、そこへ入れるものは牛や豚ではあるまい。生簀にしては大きすぎる。船着場にしては形の説明がつけにくい。塩田だと判断するには、これを稲を作る水田だとするのに劣らず説明しきれないものが残る。

しかし、水田の用水路と判断された木柵は、実は満潮時に潮を引き入れるための水路なので、用水路の閘門と判断されている仕組みは、引き入れた潮を堰きとめるためのものだったと考え、水路に引き入れた潮は柵の中に汲み込まれ、そこで日にさらし濃縮するなど製塩過程が始まる、と想定したらどうなるだろう。(「この水路が南の方、B地点、C地点まで下ってくると、ここに、一つの施設が見られます。ここらのサク列はさらに六列となって、本水路のほかに副水路があって、本水路を堰くと水は副水路を通って水田の方へ流れ入るようになっています。」〈森豊『写真・登呂遺跡』社会思想社〉)

水田と想定するのにくらべて少なくとも二つだけ都合のよい要素がある。一つは、柵というよりは板壁のようにならべられた矢板は、地下一メートルもしくはそれ以上も深く打ち込まれていると想定される。そうだとすれば、地下水の流入をあるていど止め、地表に清水があがるのを妨げることになるし、汲み込んだ潮水が地下から逃げるのを防ぐことにもなる。また、「砂礫層は水で飽和されて居り、掘るとコンコンと清水が湧く。両側の粘土層中の水は酸性(pH六・二)で塩分含有量も多い」(『登呂』前編)とあって、弥生の当時、塩分はさらに強かったと想像できる。このばあいもしも稲を作るとすれば、砂礫層の清水が作土《さくど》(作物を生やす表層の土、今日の水田では三〇センチとか五〇センチくらいの厚さが普通）の下を流れるようにするとともに、水路から入れた淡水も掛け流して、地表地下を通じて常に脱塩をはからねば収穫はおぼつかない。もとより弥生の人たちが脱塩の必要とか効果を意識したかどうかは疑問である。だとすれば無意識にそれをするとか、それとも水に塩気のあるところには稲を植えないとか、一時は植えても結局止めにするとかということになろう。

もう一つ、塩田と考える方が有利な要素がある。もしも発掘調査報告書にあるように、各区画とも四辺を矢板でびっしりと囲っているのだとすれば、たとえば前掲森豊氏の一文にもある「水は副水路を通って水田の方へ流れるようになっています」とするその流入はどこから行うのかということになる。さらに稲を作るに必要な排水はどこから行うか、という疑問が解けない。

「水口或は田の尻と目すべき施設はこの範囲では認められなかつた。」

「内側の矢板は長さ二米に足らぬが、孰れも先端を尖らせてあり、垂直に泥層を貫いて青粘土層まで打込まれ、殆んど一直線をなしてびつしりと密接せしめてある。特に揺動かしてから力をこめて引抜かない限り、倒れたり浮動したりしなかつた……畦を作り、水圧泥圧に堪へしめて田を維持し、水を蓄へる為の工事とすることは最早疑ふ余地がないが、矢板自体がそれを上下することによつて閘門的役割を有つたとする積極的な証左は発見できなかつた。」（以上の引用は『登呂』前編、八幡一郎氏執筆より。なお本編においても、畦畔の報告に、「水田であるためには、当然設けられたであろう用水の取入口あるいはその抜口と目すべき部分にはついに遭遇しなかった」とある。）

塩田とするには、海岸から距ったところより海岸線そのものの方が向いているとの反論もあろう。が、このあたりの海岸線は安倍川から有渡山麓までリアス式に急に深くなっているので、塩田にはかえって不向きである。もっとも、潟湖のばあいには水が淡水で薄められていて、塩はそれだけ取りにくいという難点もある。

このように登呂の木柵を塩田址と判断するについても、材料はあまりにも不足である。区画の中に砂の蓄えがあるとか、潮を水路から汲み込む道具なり、塩を焚く設備があったとか、何かの手がかりがほしいが皆無である。

ただし、登呂のこの区画で稲を作っていたとの判断の決め手になる材料があるかと言えば、同じように見あたらないと言ってよい。そういうわけで、どちらも条件は欠けすぎている。だが、私はこれを稲を作るための水田として構築したもの、あるいは構築しようとしたものとあえて仮定しておきたい。つまり、いまは無理を承知の上で水田と定め、そこから登呂の意味を考えてみたいのである。

試行錯誤

人が住みつき集落となる地は、標高から言って高いところにはじまり、時代が下るにしたがって低いところに下がってくるという一種の常識がある。この常識に頼りすぎると判断にまちがいが生じることもあろう。百メートルぐらいの標高差があるからといって、それだけで二つの住居址の時代のちがいや意味のちがいを云々するのはおかしいという発言に接したこともある。そこを注意しながらも、人の住みつきを考えるばあい、高さを考慮に入れることはやはり大切である。もちろんそれは、人が住む場所を定めるにさいしてのいろいろの要素の中の一つであるにすぎないということを念頭においたうえでのことである。何処の遺跡でもよいが、引用しやすい状態で手もとにある三つの弥生遺跡の調査報告を例示してみよう。

○ 長崎県山ノ寺遺跡は雲仙岳東麓の標高二三〇―二七〇mの位置にいとなまれているが、土器の破片に籾の圧痕があり、これが食用に供された稲であることは間違いないとみられている。……遺跡の立地は、縄文式の伝統的な生産方法から脱却していないことをしめしているが、農耕生活とのむすびつきがあきらかにうかがわれる。

○ 高知県入田《にゅうた》遺跡は四万十川の河谷にむかって張りだす段丘の脚部近くの低地に成立し、多数の打製石斧の出土が確認されている。上流には縄文時代中・後期の遺跡が段丘の先端部に立地していることからみて、後期と晩期のあいだに集落の立地点が大きく移動したことはあきらかであろう。

○ 生産活動の主要な部分を稲作が占めているという意味でさかのぼりうる最古の集落は福岡県板付遺跡であり、これもふくめて遠賀川式土器の使用者たちによっていとなまれたものが、西日本における初期の農耕集落であった。これら初期の遺跡は一般に沖積地をのぞむ丘陵端、台地上、自然堤防、砂丘、微高地で発見される。板付遺跡は標高一〇—一二mの低位段丘上にあり、周囲の低地との比高はわずか二—三mである。

（それぞれ前掲『日本の考古学』Ⅲより引用）

こうしたぐあいに集落は大きな時の流れの中で高いところから低いところへ降りてきていると言えるように思う。

登呂遺跡は、こうした常識からはおよそかけはなれたものとして登場してきた。標高の高いところから逐次下降してきた縄文時代人、弥生時代人の慎重さからすると、これはあまりにも不自然な住みかの定め方である。もとより、慎重に手さぐりして住みつきの地を定めたとしても、誤算があったことも珍しくはなかったろう。出水、鉄砲水、土砂崩壊にみまわれたり、獣に住居や作物をやられたり、斜面の向きが悪くて病人が出るとか作物のとれ方が悪かったりというぐあいである。何代にもわたる長い時の流れの中でみれば、それらの試行錯誤が、子孫まで確実に住みつづけられるところを選びおおせるまでの体験と知識の積み重ねとなっていったにちがいない。そして、あえて言うならば、祖先にとって貴重な意味をなしたにちがいない、それら試行錯誤の結果が、現代の私たちに遺跡を残し与えてくれるのでもある。

そしてもしもどこかから移住して来た人たちが自分たちの意志で登呂を住みつきの地として選び定めたのだとすれば、それこそまさに試行錯誤と言うよりほかにない。それはこの章の前半部分での検討によって明らかである。水田と想定することにした構築物を抜きにしても、そう言ってよかろう。しかしはるかこの地を何年も何年も眺め続けた宮川・片山・小鹿、あるいは有東の部落の人たちは、まちがっても自分たちの身内、部落のものに、あそこに行って住めということはしまい。あったとすれば、何らかの事情でこらしめるとか、隔離するために追いやったということになろうが、まずありそうなことではない。とすればこの地はこのあたりの事情をあまり知らない者が流れて住みついたのであろうか。そのばあい、多分長老や年長者など知識と体験と慎重な配慮をそなえた者がいない一団であったかもしれない。

竪穴住居の底を上げ、二メートル幅の土堤で寝起きの場所をかこい、入口に踏板まで工夫する。井戸の址もあると報告されている。そうだとすれば生活用水につかえる川が近くに無かったからということになる。しかしこの井戸は土堤に囲われてはいなかったようだから、少々の出水でも泥水が入って、再度の利用には手間をかけなくてはならなかったろう。他面、これだけ手の込んだ住居をつくるには、相当の経験者と斧など諸々の道具の用意、その製造も必要で、その能力・技術・働き手と、充分にそろっていなくてはなるまい。流れものが居ついたとか、長老・年輩者を欠いた一団とかではこうはいかなかったにちがいない。充分の体験と能力をそなえた一団だったとすれば、なぜ、この地にあえて困難をおかして住みつこうとしたのか。

事実、どれほどの期間を経てか、結局登呂は土におおわれて、再び住居地としては選ばれなくなるほどの致命的な災害をこうむってしまった。戦争か何かの理由でいつしか住むものがなくなり、やがて土や砂の下になったというのではなく、この地が、その地勢ゆえに当然経なければならなかった自然のなりゆきが、ここを住居地としつづけることを許さなくしたのである。自分たちの永住の地としてその人たちは登呂を選んだのではない、そういう判断もしてみてよいように私は思うのである。

権力

焼畑から水田へ

「日本の農耕は稲作よりはじまる」という理念は、戦前から戦後にまでずっと守りつづけられてきて、容易に弱まりそうにない。しかし、第二次大戦後三十年を経て、この定説はようやく若干の研究者の中では過去のものとされはじめている。稲作の始期とされる弥生期より前の縄文時代に農耕のあとを確認する自由が、学界に市民権を得てきたのである。焼畑という農耕の方法、そして稗・粟・芋のどれも確認されているわけではないが、そうした作物が稲の前のものとして登場してくる。(紫蘇の実を最初の食用作物としてあげる説も出されていることを付け加えておく。)

米は強靱な籾殻を持っているため、出土物に圧痕を残したり、その燻炭を原形のままで二千年近くも残して遺跡に発見されたりする。しかしそういう特性を持たない芋や稗・粟は、痕跡を残しにくいようである。したがって、眼で見、手に触れて確認できるものだけを手がかりとする方法をとれば、稲作を最初の作物と決めてしまうことになる。考古学的成果だけで祖先の暮しの全体を推しはかろうとするかぎり、これは避けがたい。

そうした制約を克服しようとする試みがいろいろの角度で行われている。習俗神事の世界から焼畑農耕における里芋・山芋の栽培の軌跡を求めようとする研究もその一つとして重視しておきたい(佐々木高明氏など)。また、超微粒子の花粉の化石を電子顕微鏡でたしかめて植物の種類をわりだす研究もあって、二万年前の植生を明示したりしている。稲以前の作物を探っていく手段として、この方法が活用される時期もそう遠くはなかろう。

里芋・稗・粟といった作物で焼畑をはじめ、それが部落のみんなの手で続けられて住みつきの方も腰が坐ってくる。時が進み代が替っていくあいだに、何かのきっかけで山の上の方から中腹に下って来るであろう。住む場所はむろんのこと、焼畑にしても恒常的な畑にしても、山裾に下るほど広いところが得られる。弥生時代には、肥料を施すという形で土の豊度を人為的に高めようとする方法をとっていないと見られている。自然の循環がおのずともたらす回復を活用しての農耕である。

焼畑は地球上の全き自然の循環の中に火をもって割り入ることであり、人為的でないとはもちろん言えない。しかし、豊度・肥沃度を高めるという意識での介入ではない。木や草を焼き、そこを耕やして作物を育てることを何年か続けることで土地が瘠せ、収穫が悪くなれば、次の草地・林地に移り、それまで農耕にとりくんでいた地はその豊度の自己回復にまつのである。気候温暖・多雨・四季の変化に富むといった条件のなかで、自然の循環による豊度の回復は、大陸に比べればかなり早かったのではなかろうか。そのことが、縄文・弥生の時代の農耕の仕方にどう影響したかを推定するのは難しいのだが、焼畑の地を移しかえて一まわりし、もとにもどるまで、あまり多くの年月を要さなかったのではなかろうか。叢にしてしばらくほうっておき、木が生えのびて生長しないていどのうちにまた火を放つ、といったぐあいだったかもしれない。別な言い方をするならば、焼畑方式での農耕が比較的しやすく、いつまでも一か所に住居の腰をすえ、部落をなしていくことができたのではなかろうか、ということである。南方では焼畑を続けている村が五十年ほどすると移住してしまうことがあるという。その一つの理由に、焼畑による土地の豊度の回復がうまくいかず、別の未開地を求めるということもあるのでは、と想定してみたいのである。

そうした焼畑農耕のかたわら、沢や谷あい、山裾に接した湿地、自然堤防の縁辺の湿地・沼沢の浅い部分など、住みついたところの近辺に少々の稲を植えることが、日本の中でも特に温暖な地に伝わっていったろう。それが田植を伴ういわゆる移植稲作であれば、すでに形成されていた国家権力によって命令されたものであろう。貢租として稲穂を上納させるためである。民衆を労役にとり立てて、中国あるいは朝鮮から導入した方法で、大がかりに斜面を削り畔を盛り上げ水路を掘らせて、直営の稲田など作らせ、そこに苫屋を設け、やはり中国か朝鮮から導入した方法で苗代田を作らせ、田植をさせていたように思う。そうした権力による普及よりも前に、湿沢地での直播稲作が暖地の村々で見られたようにも思う。

もしもこうした権力との関係なしに農耕するもの自身がみずから稲作を選んだとすれば、長いことそれはごく小規模のものだったにちがいない。直播栽培だったとすれば、沢水や谷川といった冷水のかかる自然の湛水地では、稔らないうちに秋が深まってしまい、充分な収穫は得られない。湿地・沼沢では、おおむね傾斜があって先が深くなるので、陸地のふちの小さな拡がりでしか行えない。また、田植稲作であれば、田面の均平化、湛水、用排水施設のどれもが完全に行われていなくてはならないので、広い面積に行うには多大の労力と土木技術が必要である。部落の者だけの力では用水路をつくるなどの工事は力に余ることである。せいぜい、幾分の水溜りを堰き、土を均らし、土や石を積んだり掘ったりして水をそこに溜めたり排除したりといった程度の準備が、限界であろう。その部落の周囲の地勢によって事情はいろいろだが、広い面積は考えられない。部落の力量を越えた面積になれば、同じ面積の稲田をつくるのに何倍何十倍の労力や石、木材、土などの材料が必要で、しかも作柄への不安は大きくなる。たとえ技術的に可能であっても、住む人たちにとって、米はそれに値するほど高く評価されていたと思えない。直播方式にせよ移植方式にせよ、作れるだけを作って足れりとしてきたのだと思う。それ以上は権力がさせたとしか思えないのである。

登呂のばあい、発掘された厚さ三センチ、幅三〇センチ、長さ一・五メートルほどの杉材の矢板で、田を想定する。

「区画四百坪を囲む畔を作るためには、一辺の畔に凡そ二百五十枚を要し、四辺で一千枚を準備せねばならぬ計算となる。鉄利器は確かに存在したやうであるが、そのやうな大板を何枚か取れる杉を選んで伐り、斧或は楔を用ゐて板に割き切り、手斧で完全な板に仕上げるまでの技術・労力・日子も多大であるが……」（『登呂』前編）というわけで、五十枚の田ならその五十倍にあたる。この計算から概算すれば根元の直径一尺五寸はあろう杉の木一万五千本ないし二万本が必要である。どこからそれだけのものを伐り出しどのように製材したか。

もしも、登呂に住みつき暮す人があったとして、自分の計画と都合で、――とても考えられることではないにしても――近くの山で杉材を調達しようとしたとすれば、十分の一も達成しないうちに、その山の周辺にある部落の抵抗にあわないわけにはいくまい。また、土地の状況から察すれば、区画の内部を一定の高さに土で均らすためには、やはりどこかの山から多大の土を運び込まなくてはならなかったろう。

木を倒し、枝を払う鉈や斧の音は山にこだましつづける。有渡山か北の方の山か、どちらにしてもその木材を肩に運ぶ人々が、草原・葦の原をふみしだき、ときには膝上まで水につかりして運ぶ姿も絶えない。登呂陸地ではこの木材に楔を根気よく打ちつづけて縦に割く音が遠く沼の向うまで聞える。見事に直線に、そして垂直に、しかもびっしりと打ち込まれているというのだから、打ち込みを誤らないように位置や向きや高さを見る者が脇にいて、その監督の声のもとに注意深く打ち込む。一・五メートルの高さの矢板を打つには、踏台がいる。矢板をいためずに一メートル近く打ち込むことはあり得ないほど不思議である。葦や茅をかきわけそのささくれた手も胸も顔もいためつけられながら、この仕事がつづけられる。一枚を打ち込み、次の一枚を正しく、次の一枚をそれに密着させて正しく打ち込むのは容易な仕事ではない。五万枚が打ちおわるまでに半年一年三年。

そして泥運びである。やはり有渡山か北の方の山、賎機山のあたりか、それとも近く安倍川近くの自然堤防からか、肩か背に泥を負った人たちの列は切れ目なく続いたかもしれない。

これはつくりばなしではなく、遺構の前に身をおいて、大仰でなく描き出せる光景である。これが弥生時代の遺構であるという判断が誤っていたりすれば大変なことだが、その判断への反証はあげられていない。弥生時代ならこれは城を造るほどの騒ぎだと言ってよいのではなかろうか。数か村が共同して仕事をしたことの証左だという記述を見たこともある。当時の村の人口は想定しにくいが、たとえば登呂の一二箇という住居址から数か村を想定してみても、その共同で一区画を作りあげることさえむずかしかろう。

錯覚

沖積平野、海に向けて大河川がつくりあげる低湿地、後に稲を植える田がひろがり、穀倉と言われて現代に至るのだが、やがて現代では都市や工場地帯がその田の蚕食にいそがしくなる。こういうところに遺跡があり、人が農耕の暮しを営んでいた形跡があれば、まず稲を作っていたものと考えるばあいが多いようである。そして今日常識のようにさえ言われている鉄製農具を水田稲作の指標とする方法があることもここで思い起しておきたい。

水田に稲を作ることを農耕における生産力水準の高さと考える。そして鉄製農具を生産手段における生産力水準の高さとして認識する。その両者が観念の中で結びつき、平坦部で鉄製農具が出現すれば、ここに水田稲作があったときめる。論理的のようだが、これには生産力主義のつくる気づかざる陥穽がある。古代あるいはそれ以前における、平坦部稲作と鉄製農具の結びつきは、権力が介在して形成されているのである。権力が介在しなければ農耕の暮しの人々と、その部落にあって、この二つは結びつかないのである。生産力を人間社会の原動力と見る方法を農耕生活へ適用することから脱け出すことによってこそ、そこが明らかに見えてくるはずである。

そしてまた、これには、近くに豊富な水が流れたり溜ったりしていることによる錯覚もあろう。田植で稲をつくるような田は、山に拠ってこそひらくものである。水田の必須条件は、水を自在に引きこみ、自在に引き出せることにある。このことが、小さくも大きくも、そのひろがり全面を均平につくりあげてできあがった田の、一枚一枚について確実に整えられなくてはならない。水を入れて田植の準備をする。大風がくれば苗が倒れぬようにと出口の小堰を高めて水を深くする。穫り入れのときには排水するのがよい。水の掛引を自在にといっても、もちろんどこでもそれが完全に行えるというものではない。とりわけ排水が充分に行われない田はどの時代にも少なくはない。湿田である。平野部に田をひらくようになれば、それだけ湿田が多くなる。今日の米作地帯を見れば、平坦なところほど田を作りやすくも思えよう。その目で見れば、信州の田毎の月も、四国讃岐の溜池で象徴される積み重ねたような棚田なども、あたかも苦き辛苦と不合理の時代の遺景を眺める思いになるのも余儀ないことである。

だが、水の掛引にかんするかぎり、傾斜度のつよい山田ほどよい。それを不合理のように見るのは筋が逆である。古代・中世そして近世へと、田は逐次山へとのぼっていく。山の裾からさらに下方に向けて田をひらいていこうとしてすぐに限界にいきあたる理由は、長雨で増水すれば冠水し苗が浮き流れるのを防げないということにもあるが、もう一つ理由がある。豊富にある水を排除できないことである。排水しやすくするために土を盛り田面を高くすれば水がなくなる。先の方は全面的に水が溜って沼沢となっていようとも、この水は田にとってはおおむね無意味である。それでも山を後背に持ち、その沢や谷の流れが近くにあるとか、山裾の田の悪水が利用できるところならばまだしものこと、大きい川が作った自然堤防からさきにひろく展開している湿地沼沢では、水もさばけないし用水もない。登呂の地先がまさにそれなのである。だから、どうしても登呂川があったという想定がほしくもなる。

放棄

はじめて田づくりにかかわるとか、はじめて稲を育てるという者が弥生時代ならば決して少なくはあるまい。だから、失敗を重ねてのことになろうが、何年かの体験、あるいは何代目かの体験の継承者が部落に何人かあるかぎり、そこの人たちは、登呂の先の湿地を見てまず直感的に田には向かないと判断するにちがいない。同じこの湿地・沼沢に向ってはいても、有渡山を背にする宮川・片山・小鹿の部落となれば事情は全くちがうのだが。

しかし、現代、人工的に拓きつづけてできあがった、見渡すかぎりの稲田を見ることになれている私たちと共通な感覚で登呂のあたりに立ち、茅・荻に覆われた地のひろがりとその先の潟湖を目にして、そこは平坦で水も一杯あるのだからこれほど稲をつくるに適したところはないとつぶやく者があったとすれば、それは、農耕に暮す部落の人たちでもなければ、ましてその長老や族長など と歴史学で言われる人たちであろうはずはないと私は思うのである。しかし登呂の今日は、現実にそう感じた者がその弥生の時代にあったことを教えてくれている。そう感じたその者は感じたことを同時に命令し、号令を発することのできる人であり、すでに民衆の農耕の日常から遠く離れている者であったにちがいない。そして、感じ号令を発した日から、笞打つ音が昼も夜もあたりに聞えはじめたことであろう。斧や楔を打つ音と入り混じってである。

五〇枚あるいはそれ以上の、田の形にできあがったこの構築物を見て、稲を作れるところではないと、少なくも長老や年輩者は思いはしなかったろうか。潟湖から滲み上がってくる水で湿った土を嚙んでみれば土はしょっぱい。それだけでも「駄目だ」とつぶやきそうである。地盤を堅めるためにと、地中深く打ちならべた板は壁となって地下水の流れをとめる。今風にいえば、地中の酸素は欠乏し有機物は腐敗して悪質な有機ガスを発する。昔風にいえば、土が沸いて稲の根が腐るというわけである。しかも、田面でも密につくられた板は水の動きを妨げ、ここでも水はわき、よどみ、腐ってくる。

長老にはそれがわかってはいても、号令者にあらがいもならず、命ぜられるままに働き手をつれてこの田のようなものにおもむき、一年二年と稲を作ったかもしれない。年を経れば土の中の状態は致命的に悪化し、夏など、田に足をふみ入れるのもためらわれるほどにわいてくる。号令者とても、その企図の無謀さに気づき、ほどなくこの地は放棄される。そのようにしか、想定のしようがない。

二つほど発見されている例の高床の倉庫風のものがここで念頭に浮ぶ。これが米を穎で貯蔵するためのものだとすれば、この号令者の直営田の収穫物を入れ、鼠にやられぬようにと鼠返しもほどこさせ、その番もさせようとしたことでもあろうか。このあまり大きくはない貯穀庫が満たされたことが、一度でもあったかどうかさえ疑わしい。

一九七七年八月稿　同年十月私家版として刊行

付

ある農村の歴史・古代から現代まで

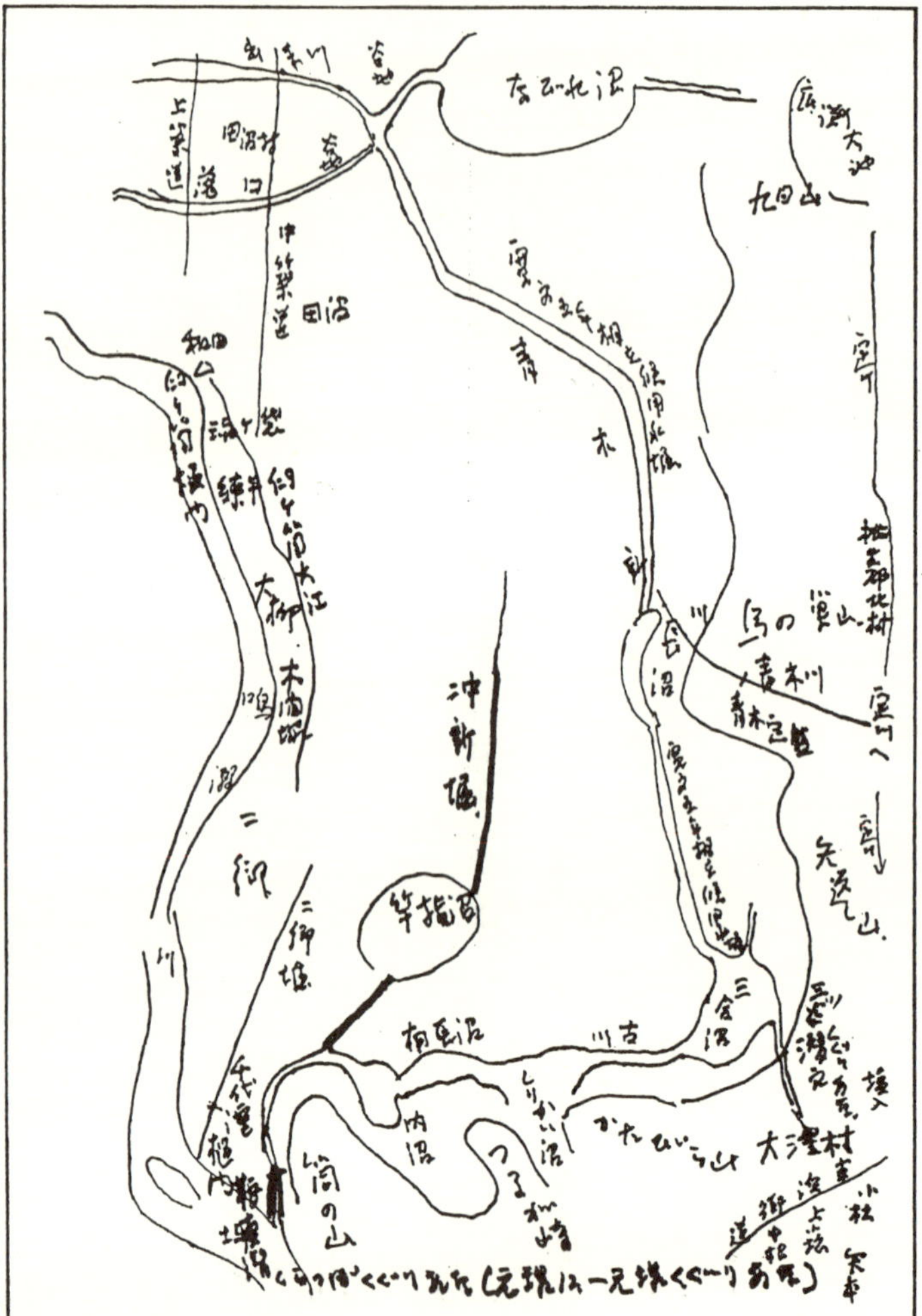

二郷村関係図（著者手がき）

古墳

雨が降り沼の水があふれて田の境を見えなくする。部落の屋敷地につづく畑地の低いあたりまで水を冠るようになれば、雨もたいがい終りであるという。その霖雨もあがるあたり、一面の水が引かないうちに自分の田をさがしに出る。

「縄つけて引張ってくるだ。」

稲がすでに根を張り、からみあって一枚板のようになっている時期である。できることならそのまま水に浮かせて引きずりもどしたいものを、といった願望がこんな言い方になったのであろうか、現代二《に》郷《ごう》村のあたりの人たちが面白げに語って聞かせてくれる。

ここ仙台の北東八里、北上川の西三里の二郷村（宮城県遠田郡南郷町）は、鳴瀬川にぴったりと身を添えるようにしたかたちの村である。下流には砂山、上屋敷、上流にむけて木間塚、大柳、練牛、福ヶ袋、和田と、幾つかの部落が全く同じようにこの川に沿って東を向いている。鳴瀬川は、堤から堤まで、百間ほどの幅である。蛇行を防ぐべく屈曲を整えて設けられた土堤が、農家のひさしにまでおよんでいる。この川の左岸に沿った村々が東を向いている感じだと言ったのは、土堤を背にして東の方が広々と水田ないし湿地をなしているからである。いつごろから、こうして人が耕やして暮すようになったのだろう。

徳川時代、安永四年（一七七五）に誌された二郷村の「代数これ有る御百姓書出」によれば、当時の肝入、桜井平内家は、さらに十代さかのぼるとある。十代さかのぼれば中世の中頃か。初代は桜井甚助といった。その直系子孫というのが、いま農協組合長をしているKさんなのだが、K家に伝わる武具から、先祖は落武者かなどといわれている。上述の文書にその記載はない。桜井という姓も初代からのものかどうか何とも言えない。その家のあるあたりは現在中屋敷と言い、明治末の地図でもそうある。「御百姓書出」では椚（くのき）屋敷とある。陸地の幅のせまいところで現在でも家が三軒とは建っていない。

中世に、桜井家の祖先が移り住んだころ、すでに少ない家数ではあるが集落をなして農耕の生活が営まれていたにちがいない。中世以前のことはわからないというが、上代までさかのぼるとしても、古墳時代、弥生時代と、どこまでいってもよいというものではあるまい。そのころ、このあたりは一面の沼地だったのだと思う。

何本かの流れがこの沼地に水と土とを運ぶことが続く。そのうちに、運ばれた土や石で流路がしだいに定まり、それが現在の鳴瀬川の原形となったのであろう。川は一度自分の形をきめると、増水時に運んできた土石で堰を盛りあげる。次の増水時に、堰が切れる。それがくり返されるうちに、両岸に沿って、細長い陸地ができる。広い広い沼地は、その陸地の帯によって分断される。

広い沼地だということからも容易に想定できるのだが、鳴瀬川の流れはゆるやかである。氾濫は決して珍しいことではないとしても、急流が大小の岩石まで田畑におしひろげるといったぐあいの氾濫にはならない。

徳川時代の絵図で見れば二郷村には五つの沼があった。そのころは、鳴瀬川の土堤に立って東の方つまり村の田のひろがる先を見ると、沼川の流れに添って北から南へと長沼、三合沼、南長沼と点在していた。そして長沼から流れと反対の方向つまり北へたどっていくと、一里ほどで村外の名鰭沼に至る。水は出来川から名鰭沼にたまり、そこから流下し、長沼、三合沼、南長沼をへて西方向に大きく彎曲し、やがて鳴瀬川に注いだ。その間に竿指沼、内沼があった。大きい沼は長沼で周囲小道十里(六十町)、小さいのは内沼で小道三里と藩の記録にある。明治末年の陸地測量部五万分の一の地図（初版）では長沼と竿指沼の二つを確認できる。だが現代は、地図の上にも現地にも確かめうる沼は一つもない。地図の上に「長沼」と地名が記されているだけである。沼をめぐる軌跡を遡行してみたい気持を起させる。

中世、桜井家が移り住んだとおもわれる時代、すでにこの鳴瀬川がつみ上げた細長い陸地——今日の専門用語でいえば自然堤防——を住みかとする人々が見はるかすこれらの沼のあたりは、一面の葦・茅のぼうようとした風景であったろう。そこをわけ入っていけば、深く沼をなしているところがいくつかあった。沼は湿地でつながれ、その切れ目を明らかにできるのは、水が少なく草も立ち枯れた冬の頃に限られた。ではその、細長い陸地に住む人はどこから来たか。

地図をひろげれば、西に鳴瀬川を越して一里も行ったところに品井沼という湖がある。(これも現代の地図では完全に消えている。)この沼を南に見下す台地があり、五万分の一の地図ではっきりとわかる沢が六つ七つ、この沼があったであろうあたりに注いでいる。それら沢と沢とのあいだにも、細かい山ひだが幾つもあって細流を落している。

沼にむけての大小の沢、それは人が集落をなして定住し農耕の暮しをはじめるにもっとも適していそうなところである。

この台地の故か、そこは鹿島台と呼ばれる。五万分の一の地図で二十センチほど下を見ればもう松島湾である。稗粟を作り、山菜や木の実を採集し、あるいは潟であったろうこの沼に魚をとる暮しが想定できる。それに比べて二郷村のような自然堤の、どちらをむいても茅か草沼か、という吹きっさらしのところは、そのあとに住む場所となろう。

今日二郷村の人たちと二時間も話をしていれば、いぐね林という言葉が三度も四度も出てくる。たきぎの話でいぐね林、家作りの話でいぐね林、台風よけの話でいぐね林、いぐね林というのは、家の間、畑の間などに植え育てる林のことである。年寄たちほどよく口にする。いぐね林を大切にする心が骨の髄までしみこむのには、それだけの時間がかかるからであろう。そのことは、同時に元来、木というものに恵まれなかったこの地の過去を私たちに知らせてくれる。

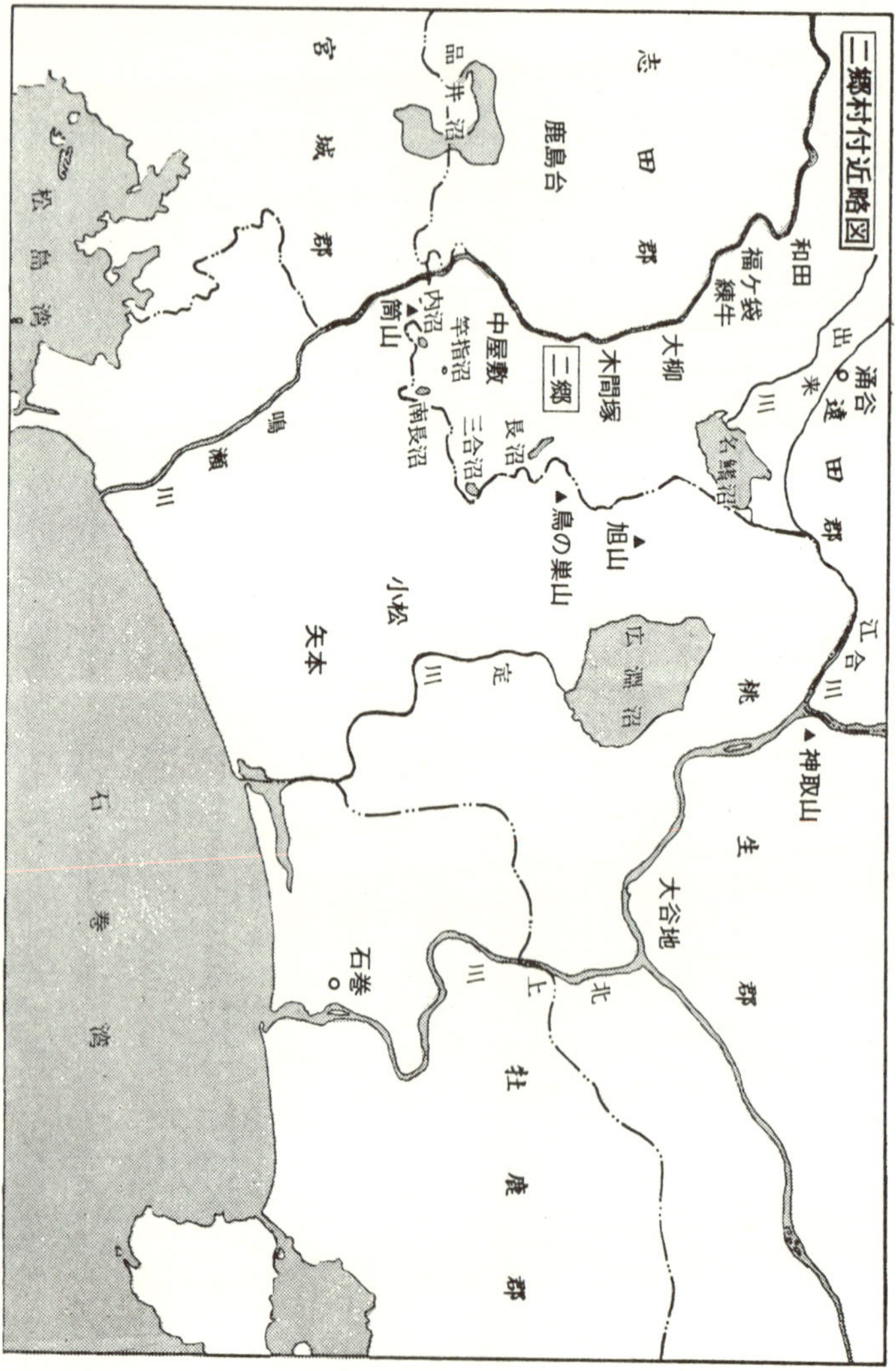
二郷村付近略図
涌谷
出来川
遠田郡
江合川
神取山
和田
福ケ袋
練牛
名鰭沼
桃生郡
大柳
大谷地
志田郡
旭山
木間塚
広淵沼
北上川
二郷
鳥の巣山
鹿島台
長沼
牡鹿郡
中屋敷
定川
三合沼
竿指沼
品井沼
内沼
南長沼
筒山
小松
石巻
宮城郡
矢本
鳴瀬川
石巻湾
松島湾

堤防を築いて大きな川の氾濫を防ぐというかたちで、自然への対応の仕方をとっていなかった当時のことである。川のほとり葦の原に見えがくれする細長い吹きっさらしのこの陸地が、決して水に没し押し流されることはないと見きわめをつける体験か知識を持つものがいたのか、あるいは、鹿島台あたりにあってこの地を具体的に知る人たちが、この陸地が、どのような大雨のあとにも一面の海の中に黒い帯をなして生き続けているのを見て、あそこなら大丈夫と思うようになったのか。いずれにしても、この地を知らぬものでは、ここを住みかに選ぶことはしなかったにちがいない。

もっとも、登呂遺跡のような例もある。住みかをきめるに論理通りとは限らない、ということを、あの登呂遺跡が語っているように思われる。

ところで鳴瀬川は静かに流れていたにちがいないとさきに想定した。二郷村の人たちはそれを否定する。

「とんでもない。この川の歴史は洪水の歴史ですよ。あれは昭和二十何年だったかな、田んぼが全部水の下に入ってしまって、何も見えなくなってしまったよな。」

と一人が言えば、もう一人の農家の青年は、何度もかさあげして立派になった堤防の上から一尺ほどのあたりのところの草の根をかかとでほじるようにして、

「おととしだってちょうどここまで水が来た」と教えてくれる。

西の品井沼、東の長沼、竿指沼などから鳴瀬川に水がそそぐあたりは二郷村の最南端、地名でいえば砂山である。ここは丘陵が東西から迫って自然の狭窄部をなしている。鳴瀬川はここで渦をまく。そうなれば水かさは増し、随所で氾濫がはじまる。わたくしは言ってみる。

「堤防をつくるから静かな川も激しくあふれるんですよ。しかも、沼や湿地をはしからつぶしてしまうからますます激しくなる。沼や湿地は、むかし自然の遊水池だったと思いますよ。だからそのころの川は静かに流れて……。」

二郷村が、鳴瀬川に沿ってほぼまっすぐにつながる

幾つかの部落からできている、ともさきにのべた。そしてこの地が、自然堤に住みついた人々の暮しからはじまったであろう、ともいった。だが、このほぼ直線の陸地が当初から、自然堤としてできあがっていたとみるわけにはいかない。四つほど上手の村、福ヶ袋村のあたりでいまも右に彎曲して南下しているこの鳴瀬川は、中世あるいは近世の時期には、直線になおせば二里ほどの間で大小二ないし三か所で右へ左へと蛇行していたことはたしかである。川で左右に二分された二つの郡に木間塚という名の村があることからもそれはわかる。その村はむかし右岸にあったという地元の人がいる。先にあげた「御百姓書出」とともに提出された近世中期の二郷村「風土記書上」で、二郷村の一部落と記されている原部落の名は、いまは、川向うにある。さらに本来この川が分つ志田郡と遠田郡の郡境は現在の地図では、川の中心よりもずっと右寄りに引かれているところもある。おとなしいような鳴瀬川ではあるが、その曲折は決して少なくはなかった。

そうしたわけで、多分古代もそう早くない時期、二郷の地への人々の住みつきのころ、そこは自然堤の名にふさわしく、まがりくねった部分もあったろうし、平常は葦の原や沼地より一段高い陸地のつながりには思えても、溢れればすぐに水につかる低い部分もあって、きれぎれの陸地が水面に姿を残すといったあんばいだったのであろう。そのような確かな陸地部分に人びとは住居を建て、畑をつくるのである。

どんな住居だったか、想定するのはむずかしい。たとえば弥生の後期頃としたとしても、こういう形の竪穴住居だったというぐあいにおきまりの家の形できめてしまうわけにもいくまい。鹿島台には横穴古墳が確認されている。横穴古墳は古墳時代後期の様式とされている。品井沼という大きい沼を中にしてここと対する丘陵やその背面に下る松島のあたりにも、同種の古墳が見出されている。

古墳は住居とはちがって、あとに残ることを意識して設けられたものの残存である。一般に古墳は支配する地位のものの墓とされている。墓は、そこに埋葬されたものの地位を知らせ、副葬品などからその時代の生産と文化についていろいろ推定されたりする。だが、そうした推定から得られるものと、支配される人人の農耕生活の文化との隔《へだた》りはどうすることもできない。

もっとも古代そして中世までは、貴族、領主、豪族など支配する側にあるものが、その日常、農耕の生産に全く無関係になりきっていたわけではない。古代の王侯貴族や中世の荘園領主の直営地である佃《つくだ》などは奴隷ないし農奴の働きによったもので、平民百姓一般の農耕生活の文化そのものではないが一般平民百姓と支配者のあいだに、こうした「直営地」労働を通じて影響しあう関係がないわけではない。たとえば、古代の都で王侯貴族が飼う牛や馬の糞を直営地農場に施していたというが、その作業に使役された人々はそこで家畜の糞の肥料効果についての一定の知識を得ることになる。また王侯貴族がその直営地ではじめる農業も、しょせん民衆がその体験から積み上げてきた農耕の方法に依存するよりほかになかったろう。

石を組み土を盛りなどして墳墓を残そうとする階層は、古墳時代前期から中期・後期へと時代が下るにつれて層を広げ、墳墓を残す地域も拡がっていく。村長《むらおさ》といったところまでその層が広がってくる頃、古墳時代は終りに近づく。横穴古墳のころである。この時期の古墳は幾つも集合した状態で見出されることが多いのだが、集落に遠くない野や山にひかえめな形で設けられているために、木や草のかげとなり雨に流され、あるいは田や畑として拓かれてしまうなど消えてしまったものも数えきれないほどであったろう。

鹿島台の古墳が横穴式古墳で、一般にこれが古墳後期のものだからといって、西日本で用いられる時代区分と遺跡の照応関係をここ東北地方の一角に導入するわけにもいくまい。さしあたり決め手のないことであるが、一般に古墳時代後期といわれている時期を含めてそれより二世紀や三世紀の遅れもありうる、そのように想定しておきたい。少なくも、西暦で五百年から何百年かの間で、歴史学が古代と名づける時期に、この古墳の主と関係ある集落が鹿島台あたりの品井沼近くにあり、それから分れた人々が、鳴瀬川左岸につくられた自然堤、先にいった、多分曲りくねり、ところどころが切れていたであろう陸地に移り住み、まずその陸地の葦を刈り、焼きはらい、わずかな土地に種を播くことをはじめたのであろう。彼らがそのときに使った鋤の先には鉄の部分があったであろうか。西日本を基準にした年代表からすれば、充分考えられることだが、この地にまで鉄のすきさきを持った鋤が見られたとすれば、そこにはかなり強力な支配者がいたと考えなければなるまい。

東北では、むかし樫の実も食としていたと言われる。また後に山菜といわれる食べ物も山のものであった。二郷の土堤に立ってみわたせば、そうした山の食には限界があることがすぐにわかる。何日かけてでも山へ出かけて山のものをとり、生命をつなぐことをせねばならぬこともあったろう。が、少しでも早く農耕による暮しの根幹を立てなければここに永く暮すことはむずかしいと人々は考え、山の集落の者たちよりも真剣に畑をつくらねば、ということになったにちがいない。

ゆるやかな流れの鳴瀬川であれば、運んでくる石や砂は細かいものが多く、それらは増水の度に運ばれてきたであろう。それが密生する葦の上におおいかぶさり、またそこに葦が根を張り、ふたたびそこに土や砂が運ばれ、また葦が根を張っては茂り、百年二百年、何百年のくり返しがつくったこの自然堤である。元来容易に腐ったりしない葦がその根と幹をおおわれて幾層にもなって砂や土の下にある。ほどよい圧力のもとで、ほどよく水分があり、かつ酸欠の状態で伏せ込まれて年代をすごしたこの土層、現在、地元の人たちや外部から「農業技術」というものを教えに来る人たちは「泥炭地」と言っている。

そういう泥炭地では覆った土砂が緻密な層をなし、水の滲透も悪く、したがって酸素の滲透もよくない。そのため有機物を分解させる好気性の微生物の繁殖も悪く、葦の根株や茎は容易に形を変えず、そのまま炭化していく。炭化がすすめば原形はわからなくなる。だがそこまでくるには時間がかかる。掘れば葦が出てくる、とそこの農家の人たちが言うくらいに原形がわかるのはその土の歴史の浅さを語っている。二郷村の先祖が住みついたこの細長い陸地の土質は、そういったわけで、作物を栽培するのにほどよいところではない。

しかし、泥炭地の「炭」のほうには、利点がないわけではない。炭といっても完全には炭化していない植物質のもので、状況によっては作物にとっての栄養にならないこともない。泥炭地では「泥」のマイナスと「炭」のプラスが相殺する。粒子が「泥」よりも粗く、作物の根ののびるに都合のよい土では、空気の流れも微生物の繁殖もよいので土の中の有機質はよく分解して作物に吸収されやすく大変にぐあいがいいのだが、逆に分解した栄養は雨水に流れていってしまう。草はあとからあとから生えては枯れて根や葉や茎を残して土を肥やしてはくれるが、人間が草の生えるのを拒んで作物だけのための土にしようとすれば、何らかの方法で栄養を補給しないと作が落ちてくる。

それに比べ二郷のように泥炭地ならていねいに土を起して土の中の水や空気の流れをよくすることで、ある程度栄養豊富な土になる。二郷の人々と土のかかわりは、そんなぐあいだったと考えられる。現代、肥料の力でだけ作物が育つという認識が大方のものになっているときに、この話は通じにくい。

それに葦や萱を排除してみれば石ばかりという沖積デルタ地帯にくらべれば、さしあたり、種を播くにはたやすい。彼らがそこに播いたのは何の種であったろうか。稗か粟か荏《えごま》か豆か、里芋の芽を挿し込んだのか、そういったところであろう。陸稲ということもないわけではない。しかし水稲でないことだけはたしかである。陸稲がありうると言ったのは否定する根拠がないからというだけのことで、その可能性は少なかろう。

低湿地で鉄製農具をつかう農耕を、水田稲作を推定する指標とするのが今日の常識である。が、その論理には一つの錯覚がある。このことについては、「登呂」のところですでにのべた。多分これは、水が近くに豊富に流れたり溜ったりしていることがさせる錯覚なのであろう。

田は、山によってこそひらくものなのである。水田の必須条件は、水を自在に引きこみ、自在に排除できることにある。このことが、一定のひろがりをもち、均平につくりあげた田の一枚一枚について確実に整えられなくてはならない。

鳴瀬川の自然堤に住む人たちは、足下の葦の根株にまでひたひたと迫る水が、下から来ている水であって、上から来るものではないことを知っている。二郷の集落の陸地に沿ってあまり広くない範囲なら稲を植えられそうにも見える。一定のしめり気のある土であり、雨が多ければそこまで水が来るからである。東南アジアなら、水が深くても浅くても直播で、種籾をばら播いておけば稲は自分の力で水面に首を出してこよう。だが、このあたり、そうやっても籾が芽を出す気温になるのは夏の盛りに近い頃であろう。穂が実を結ばないうちに早い秋が来てしまう。

そんなわけで米作があったとすればやはり移植稲作、つまり田植方式であろう。だとすれば、囲った耕地を平らにならして水を入れなくてはならない。田の面を低く掘り下げて作る。地下水も上ってくるし、何間か先から葦の間を浅い溝を掘っていくらかの水をひくこともできる。さて、こうやって集落の皆が力あわせて葦の原に一枚の田を作ったとしても雨が降って水位が上れば田は没してしまい湿地の水面と境もわからなくなる。水がひいていっても田は池となって水ははけない。日照りが続いて水が涸れると、湿地の水面ははるか長沼のあたりまで退いてしまう。涸れ土はひび割れるが、どこからも水を引いて来ようもない。たまたまひと夏の間、よいぐあいの水位が続いたとしよう。稲はよく育つようにも見えるが、田面の水は動かず、地下の水も淀んだままになる。これでは根は腐り、土は沸いて悪ガスに葉も茎もやられてしまう。

では、この陸地が鳴瀬川という豊富な水量を持っていることについて、この新住者たちはどう考えたろう。彼らが住みつき耕やしはじめた自然堤は、鳴瀬川の常水位よりも高い。川の水を汲みあげて田に落すと考えるのは、水は低いところから高いところに引けると考える現代人である。踏車や龍骨車や投げつるべで脇の川から水を田にくみ入れるのはまだずっとあとの話であるし、その時代にしても、それらは補助的な水汲み道具だったのであろう。また、これらの道具を、幅が百間もあるこの川に据えて使えるわけもない。かくて新住者の農耕と鳴瀬川の水は無縁であったはずである。

地頭

いま、二郷村の上手、和田村のあたりに水の取入れ口がある。もう一つ二郷村寄りにも取入れ口がある。村の人たちは機関場と言っている。動力で鳴瀬川の水を汲み上げ、これを水田に注ぎ込むのである。どちらも徳川時代にはなかったものである。和田村の方、つまり川上の方の機関場の少し上手に古い水門のあとがある。この臼ヶ筒樋門には、村の娘が、人柱に立ったという逸話があり、娘の名うすにちなんでこの樋門の名をつけたとも語られている。中世末期のことであろうか。

二郷にすみついた人たちは、何代かを経、人の数も家の数もふえてきていたにちがいない。雨の少ない冬のあいだ、湿地の先の方まで皆で出向いて枯れた葦を根から掘り起し、それを運んで来ては、いまある畑の先に積み、土をその上に積み均らす。そうやって先の方を掘り下げれば、屋敷も畑も水はけがよくなる。雨の多い季節になって、西の沼地の方からしだいに水位が高まり、沼から湿地へと水面がひろがってくるとき、そこの溝が迫りくる水を防ぐのにいくらか役にも立とう。明治の末頃の地図を手掛りに、また徳川の中頃の絵図をわずかな頼りにして見れば、南郷などのある陸地と、名鰭沼、長沼、南長沼の水系の中間にある細い溝は、集落の人たちが手を加えるまえから自然に流れていたと考えてよい。この流れが湿地の下手で竿指沼に流れ込み、そのあたりで長沼の水系に合流する。人びとはこの溝の線に沿って葦を掘りあげ、陸地を拡げていたのであろう。そして二郷の里の畑はその溝に向けて着実に積み進められていった。

その頃になれば、食べるものを山へ頼ることもだいぶ少なくなっていたことであろう。家を建てるに充分とまではいかないにしても、家々の間の樹木はかなり茂り、遠く鹿島台の方からもその繁みが家々の軒や屋根よりも高くなっているのがわかるほどになったろう。二郷はすっかり里の様相を呈している。関東武士といわれる荒くれのものが、新生鎌倉幕府の采配のもとに多数送り込まれて来たといわれる時期にはおよそそういったぐあいだったのではなかろうか。

一ノ関の奥州藤原氏が頼朝にたおされるまで、このあたりはもちろん藤原氏の支配下にあった。二郷の北一里半、近世に伊達の支藩がおかれ、このあたりを支配することになる涌谷《わくや》は古代から砂金のとれる地で、藤原氏のこのあたりへの関心は小さくなかった。だが、藤原一族の豪華絢爛の日々がこの陸中・陸前の地の農民からの農作物の収奪でまかなわれていたとは、普通には説明されない。

藤原氏も、古代からの領地支配で米作を重視し、各地に米を作ることを強要したことだろう。鹿島台に早く居をかまえていた人たちも、その要請に応えるべく、沢のあちこちのくぼみを石や土で囲って水を溜め、米の苗を作り田植えをしたことであろう。ここはおおむね南面の谷地であるから、いくばくかの収穫は得られたであろう。米はすべて、稗・粟とともに涌谷の土豪に持ち去られ、その一部は一ノ関に上納されたと考えてよい。

充分だったとは決して言えないにしても、畑も整い、今日の家屋敷と畑の連なる二郷村の原型ともいうべきものができたのは、中世前期の頃と思われる。しかしここは、鹿島台より住みつきが遅いから田をつくり稲を植えることが求められたのは、中世もだいぶたってのころであったろう。というのは、涌谷の土豪たちも、もともと百姓を兼ねての暮しであり、米を主食とする習性はまだできてはいなかったろうし、また用水をひくことのできない二郷の地に、田を作ることを命じたとしても、成果は期待しにくいからである。そこに関東各地に本拠を持つ鎌倉御家人、武将が大量に入り込んでくる。

頼朝が平泉藤原氏を攻略した文治五年(一一八九)からおよそ二十年間の関東武士の着任あるいは拝領の状況を見れば、新生鎌倉幕府自体がずいぶんと大げさにこのあたりの支配を考えたものだと思いたくなる。奥州総奉行の地位を得た葛西氏は石巻を居城としている。もっともこの葛西氏はじめ千葉、畠山、和田ら奥州地頭職はいずれもみずから着任せず、代りの武将を派している。ちなみに二郷のある遠田郡の隣、桃生郡深谷に封ぜられた長江義景(相模)渋谷(相模)木椽(常陸)泉田(鎌倉)四方田(武蔵)山鹿三郎遠綱(備後)北条泰時代官長崎氏など、すべて遠田郡を含めて宮城県北部の地頭職のものたちである。

現鹿島台町と隣の松山町をあわせた地域を長世保という。保は柵・保の保で古代朝廷の管理地域の単位である。涌谷のあたりは小田保と言ったらしい。長世保に地頭がおり、その下に長於郷、弘永郷、木間塚郷の三地区それぞれの地頭がいたようで、後の二つの郷は今の鹿島台町の中にある。つまりこのばあい、いまの町長の数よりも多い地頭が配置されたことになる。これはまことに緻密な支配の仕方である。

もっとも、支配といっても、かつて律令制によって実現しようとした官制の支配や近代の行政的な地方管理とはちがう。封土を与えて管理させる、つまり領地持ちの役人として任命するわけである。上位の地頭職は、それぞれに関東のどこかの荘園領主でありながら、さらに領地を与えられる。彼らはそれぞれその物的な基礎を得るために開発をすすめ、勢力を拡大しようとする。

開発とは、しょせん畑を拓き田をつくることであった。みずから着任するよりほかにない中下級の地頭たちとなれば、わが一族と率いる家来たちの生活の基礎さえあやうい。さしあたりは、恣意にまかせての略奪的な、百姓たちからの収奪でまにあわせるとしても、やがて適地を見つけ労力をかりたてて畑や田の造成を急がねばならなくなる。投入された武将が多いだけに、それはやがて土地をめぐり、水をめぐる争いになっていく。後、室町時代に宮城県下の大勢力となった亘理(元の千葉氏)・葛西・大崎などの上級の御家人たちも、やがて、自身その館や城に移って、直接支配するようになる。留守支配でなく殿様みずからが在城となれば、物入りははるかに多くなる。互いに勢力を拡大し、軍備は増強の一途をたどる。

ところで、桜井家が、現二郷村のKさんの祖先となることはすでにのべた。先祖が平家の落人だったという話はほんとうだろうか。平家の残党の部落のはなしは直接耳にしただけでも南は鹿児島から北は秋田・山形まで、各地にある。どの地方にも共通しているのは、谷合い山合い、今日でも人里離れているところに複数で一つの集落を構成していることである。山の管理にかんしては、中世まではまことに粗雑であった。

二十軒か三十軒の住居とほどほどの広がりの畑で、さつまいもの形の二郷村の下手は、屋敷も畑も終りになって、自然堤とはいってもだいぶ頼りない陸地が鳴瀬川沿いに切れ切れに続く。中屋敷といま名づけられているそのあたりの部落はすっかり葦の中ではあるが住んで住めないところではないというあたりだったのだろうか。

土地勘の全くないはずの一家だから、村の人たちの暮し加減から見て、ここなら水害を受けても流されてしまうことはなかろうと判断したか、村の人たちからそう教えられたか、それとも村の人たちがひそかに寄合って面倒見てやろうということになったのかもしれない。村の人の面倒見がなければ、家を造るに木材はなし、葦や萱を抜いて畑とするにも掘る道具がない。当座もさることながら、長く暮しつづけることはとても叶うことではない。

山は食べるもの、焚くもの、また水や木材も豊富で、当時としては隠れ住みおおせた可能性もあるが、Kさんの祖先のばあいは、事情がちがう。源氏の強力な支配のはじまっていく二郷に住みつくとすれば、まず集団では無理だし、目立たぬように葦の原の中に没して暮しはじめたというこの桜井家の言い伝えには真実味がある。

近隣に家なく畑なく、二代、三代と田畑をひろげ続け、やがて公然と暮せる時代がやってきたとき、桜井家は村で一、二の屋敷持ちになっていたようである。村の古老たちは、その屋敷と言われたところが何町歩にも及び、屋敷とはいえ、囲われた畑だったと語っている。

田を主なねらいとした開墾は古代末期からすでにすすめられている。教科書風に言えば「自墾地系荘園の拡大過程」である。百姓は戦いがあればいつでも兵士である。その兵士を率いる豪族や貴族、戦時は武勲のあるものや統率能力のあるもの、家来を何人もひきつれて参陣したものなどに一定の地位を与えて村に帰す、あるいは村に配置する。村ではその人を地頭と呼んだりしたことも少なくないようで、これらが中世の制度上の地頭職と一致するとは限らない。ふたたび教科書風にいえば名主《みょうしゅ》ということである。里正《りしょう》、村長《むらおさ》が名主と重複することもあろう。だが、どちらかといえば、たとえば二郷村といった一つの単位をさらに細分したまとまり(仮に今日のことばの部落としてもよい)における統率者というのが一般的だったと思われる。「わたしのとこの名《みょう》では……」と語る農家の人に出合うことがある。民衆用語としても「名《みょう》」があったのかもしれない。概念が明確ではないが、一般論で考える限りで「名」の語をつかってみることにしよう。

さて、名の最上位にある名主は、支配者である豪族に命ぜられて、名子、被官《ひかん》、作り子、下人、奴婢など学術書に多様にあげられている隷属者を駆使し、開田につとめる。また領主直営の、佃《つくだ》といわれる田の仕事、その田の拡張につとめる。名主は代々膨張していく家族をかかえて大所帯となっていく。この大家族は直系支配的であり、傍系の親族は労働力となり兵力となって従属し、さらにその下位に名子などの隷属者を置くという関係が一般のようである。こうして名主は、その耕地を拡大しながら、里の者たちとその田畑を、全体として支配する立場になる。

こうなれば、山を拓き、湿地沼沢を埋めて名の田畑を拡大することは、そのまま、自分の勢力を拡大することとなる。田畑拡大を一層勢いづけようとすれば、名主みずからが戦闘を起すことにもなる。ときには連合して上位の勢力に立ちむかうことにもなり「国《くに》」を構成したりもする。それはつまりは国一揆の原因でもあり結果でもあり、かくて新しい動乱の時代に彼らは民衆を引き込んでいく。

思えば古代律令制国家の支配が完全である地域ほど、つまり、口分田による班田収授の実施、租庸調の収取が型どおりにできていっているところほど、その支配制度の矛盾の露呈は早く、その解体から荘園制という中世的な体制への移行がすすむ。そこでは開田競争はいちはやくすすむ。大和がその起点で、近畿一円、中国、九州と西日本へ展開し、やがて関東にまでひろがるが、ここ奥羽にまで及ぶにはあるていどの時間を要したであろう。宮城県の歴史をつづる書物で、開発ということばが目につくようになるのは、ようやく鎌倉時代の叙述のころである。

ところで中学や高校の歴史地図をみると、古代の中路か小路を示す赤い線がひかれている。米などの租庸調を大和の朝廷に運ぶのに利用すべく道として開かれ定められたものだという。近畿に近いほどその赤い路線はこみ合っている。一番太いのが大路、中位のが中路、細いのが小路。その細い線が関東から東北にむけて何本か出ており、福島から出るあたりでは一本になっている。それが平泉の先のあたりでとぎれ、その先には何も書かれていない。そこはすでに南部である。

中路小路の赤い線がのびていく過程、そこに古代国家なりの要請による開発のあとがみられる。租庸調の徴収、さらに租を生み出すための田づくりの強要、それは、支配の及び方に照応して展開したろう。奥州を北上するにしたがって消えゆくほどにたよりなくなっていく小路は、開発が、この地でささやかだったことを示している。それゆえにこそ関東武士の乗入れを契機とした開発が、戦闘以上に、怒濤の勢いを今日感じさせるのかもしれない。

平坦な湿地や沼地続きの土地を見ればすぐに田んぼになりそうと思う現代人が多いことを思えば、しばらく農耕と無縁にすごしてきた関東武士が、二郷の自然堤に立って西の方を見たとき、そこに水田の適地を発見したことに不思議はない。ここで、この細長い陸地に住む人たちにとって、耐えなければならない一つの時が画される。

前に述べたように、この土地の人たちは田をつくることを知らなかったわけではない。このように水が多いからこそ田は拓けぬと承知してきたのである。

着任した地頭は名主を配置する。里のものではなく、地頭の家来がそれにあてられ、戦いのない限り、百姓の長として住み、そこで農耕の暮しをたてる。後の言葉に言う郷士のようなものである。そこを自分の領土と認識してもよい彼の目に、里の人々は領民として映る。屋敷を獲得して家を建てる。屋敷は住居地でもあり畑でもある。

二郷から北およそ二十五里、盛岡の近くに煙山村というところがある。北上平野に面し山を背にしている。この村では、いわゆる名主なる地頭の旦那が山麓の小高いあたりに大きな家をつくり、そこに傍系の家族やら家来と呼ぶ名子、下人とともに大家族を構成していた。名子や傍系の家族のなかには、一定の条件が備わると住居を独立させられるものがある。長く仕えていたとか、所帯をもつようになったとかの事情によるらしい。独立することは固有の竈《かまど》を持つことであり、地頭(名主)からは、彼らにむけて家来カマドという呼びかたがあったという。独立といっても煮炊きの場所や寝るところの独立にすぎず、まともに田畑を持てるようにしてもらえるわけではない。早朝、板木《ばんぎ》が鳴れば地頭の田や畑に出て、畝をうない草を取る。夕方の合図で家に戻る。自前の名子は自分の小屋に帰り家族だけで飯を食う。自前でないものは、本屋に戻って、大鍋で炊いた雑炊をすすり、板の間か土間の藁の上に雑魚寝となる。

名子は容易に自前にさせてもらえるものではない。自前にしてやれば、名主は自分のナベ釜に入れる稗粟大根や芋に菜などを与えてやるか、それともそれらを栽培するに必要な畑のなにがしかを分けてやらねばならないからである。裏山を一つ越えると谷地がある、日当りは悪いがそこを畑にして自分の食べる分を作れ、といったぐあいであろう。焚きものを取ることも認めねばならない。しかも、自前ともなれば名子は自分の畑の手間のために旦那（名主）の田畑での仕事を犠牲にすることもおきる。旦那の田畑が成り立たなくなりかねない。独立させてやるときにはカマド分けということばがあるほどに、それを重大なこととして認識させる、つまり恩を与えて末代までの忠誠を誓わせるといったことになるのである。本屋に住まわせきれずに小屋に住まわせることもあるが、そのばあいには、カマドを持つことは許されない。

これは東北大学の研究グループが資料から確かめて大部の書としたものに、さらに私が少々の私的判断をつけながら紹介したのだが、こういうことが、日本の各地で確かめられているということではない。また、こういうものをそのまま二郷の村に適用してみるわけにもいくまい。

煙山村のばあい、名主は親戚、名子、下人など、多数の家来をかかえた大所帯を率いて強力な支配をなしているが、それには、まずその大所帯を成立させるだけの広さの薪炭採草林がなくてはならない。二郷には山が全然ない。また、大所帯の衣食住を用意するに足る畑あるいは畑になしうる広さの土地がなくては成り立たない。また、山を背にしている煙山村のばあい、山つけから平坦部にかけて田を拓いていく余地もあり、それが、この地の名主の支配の物的な基礎になったのだが、その点でも、二郷村はまことに不充分というほかはない。

あれこれくらべると、二郷には、せいぜい二、三町歩の畑屋敷に、名主一族と小人数の家来が暮して、名主はそれなりの幅をきかす、といったぐあいだったのではなかろうか。しかしそれでも、この陸地の集落の人たちにとっては、大所帯の強力な旦那であったにちがいない。そして名主は、地頭の権力を背にして、むりやり開田をすすめるのである。

降ればあふれ、照れば涸れる、そういう田だったのであろう。まともに米がとれるのは三年に一度くらいのことか。冷害、干魃、病気をあわせ考えれば実情はもっとひどかったかもしれぬ。用水はどこからもとり入れられない。水桶を天秤でかつぎ、鳴瀬川に足をつけ込むようにして水を満たし、土堤を上り、陸地の屋敷畑を通って田に運び流し込む。干魃時には桶でそそぐ水の量はほとんど意味をなさない。二郷では、毎年毎年そんなふうに少しの田に心血をそそぐようにして人々が稲を育てる何代かが続いたのではなかろうか。

臼ヶ筒。さきほど人柱の伝承であげた水門である。言い伝えにある年代からしても、中世のおわり頃にこの水門が設けられた、あるいは設けられようとしていた、としてよかろう。

ところで中世・近世では、川は重要な交通路である。陸路ができれば川は、もっぱら荷物の運搬にあてられる。たとえば会津の米は阿賀野川を下って新潟の港まで運ばれている。その距離の長さもさることながら、阿賀野川が蒲原平野を離れて山合いにかかれば、両岸絶壁のようなところさえある。ここを下った舟はここを上って来なくてはならない。租税は何としても米で納めさせる、ときめた古代からの一貫した支配者の収奪方式を思えば、こうした川での情景は中世のある時期、つまり開田の強行があるていど全国的に行われたころには各地に見られたにちがいない。

舟運につかう流れでは水をとり入れるために堰を設けることは許されない。支配者としては、用水をつくって米を多くとりたいところでもあるが、川はその米を運ぶ唯一の手段だし、それ以前に川は軍事施設なのである。

そうしたなかで、鳴瀬川の臼ヶ筒のあたりに水門が設けられたことをどう考えたらよかろう。臼ヶ筒のあたり、西から東へ流れてきた鳴瀬川は右に彎曲して南に流れる。このばあい、彎曲部の左岸、つまり東側は水の当りが強く、岸はえぐられ、底は深く掘りとられている。田をもっと拓けとの至上命令を、舟運をそこなうことなく実現させるためには、どのように工事が困難であっても、水門は、このようなところにこそつくらねばならぬ。そのばあい、幅のせまい川ならば堰をつくって水位を上げ、その水位に合わせて水門をつくればよい。しかし鳴瀬川は、そうはいかぬほどの川幅をもっている。普通、そういう取入れ口をつくるときには、堤防を何間かの幅で深くえぐって水を導き、その先に水門をつくる。しかし、堤防を何間も切ってしまえば、そこに渦が巻いて増水時に決壊する。それを防ぐためには、幾分上流から流れに沿うように川の中に堤防をさし出し、本堤防と二重になるようにし、そのうちふところに取入れ口がくるようにする方法がある。徳川時代にはこうした工法が見られるようだが、当初の臼ヶ筒にそうした大工事はなかったろう。だからこそ、まことに穏やかにみえるこの川だというのに人柱の逸話が残るほどの苦労があったのであろう。

かくて臼ヶ筒を源とする一本の水路が二郷の集落にまでのびてきたわけである。臼ヶ筒用水堀というわけで、徳川時代には臼ヶ筒大江と呼んでいたようである。大江筋また大井筋ともいう。

臼ヶ筒大江はその水門のある和田、その下手隣の福ヶ袋などの田を潤すことにはならなかったろう。川は大きければ大きいほどすぐそこにあっても役に立たないもの。もちろん動力で揚水をしない自然の落水によっているばあいのことである。自分の村で行われる大開鑿工事と水門の建設だというのにその受益者になれない。そこで和田や福ヶ袋は、臼ヶ筒よりもさらに上手の水源から水をもらうこととなる。そこが用水の不思議なところである。この大江筋は、鳴瀬川よりもゆるやかな勾配で掘られる。もともとゆるやかな勾配の鳴瀬川よりもゆるやかにというので、水路の引き方はむずかしい。目には見えないほどの勾配である。用水路というものは、勾配が小さいほど広い範囲をうるおす。水路のところどころに分水堰を設けて水位を上げ、途中途中の田に水を配ることになる。水路の掘りの事情で勾配が大きくなりすぎれば、分水をしないところでも堰を設ける。

こうしてみてくると、二郷村に水田ができるかどうかのきめては、何か村か上流の地に取入れ口ができるかどうかにかかっているということがわかる。そこが鹿島台や煙山など山つけの村々との事情のちがいだった。鹿島台や煙山の山裾や谷合いや沢の村では、田を大きくしすぎようとしない限り、集落の人たちのまとまりで、直接に自分たちの田に水をひけたのだし、領主、地頭、名主などが田をつくれと強要してくる以前に、可能な範囲で田をつくり稲を植えていた可能性も考えられた。もっとも山を持つ村でも、平野部にむけて田を下にひらいていき、そこに新たな人の住みかを設けることになると、水の問題は決して単純ではなくなる。用水は上手の古い村を通ってくるものを分けてもらうか、一年中陽かげで人の住めない谷合いや沢の水を無理にでも水路をつくってひいてくるか、といった難問にぶつかるからである。

さて二郷だが、水門をつくる場所でありながら受益者にはならないし、洪水になって水門が決壊すれば最大の被害者になる和田、その下の幾つかの村々の、この臼ヶ筒とのかかわり方、つまり利害関係を考えてみるとき、その村々に有無をいわせぬ権力者の命令があったと思う。

権力者の号令がなかったとしても、村々の耕やす人たちが水田をひらき稲を植え米を食べたいという思いが共通していたとすれば、やがては語り合って実現するだろうという見方もなり立ちそうには見える。だが、権力下にあるということをぬきに何かを想定してみても仕方がない。壮大な権力者、中小の権力者、それなりに、村や集落がその発想においてなしえないことを、自己の利益のために村や集落にやらせる。

二郷の人たちは、何代かを経るあいだに何度も畑をひろげることを必要と感じ、少しずつそれを実現していく。畑がひろがることは、畑つくりをしやすくさせる。中世といわれる時代を経過するうちに畑に肥を入れることを充分に心得るようになっている。一番効くのは人糞、と心得ていたであろう。古代では、人糞は捨てていたという。そして、山野から草を刈って来て田や畑に入れる刈敷（かりしき・かっしき）と呼ぶ方法で土を肥やす時代があったという。西の方では稲の収穫は穂先だけですませて藁を田に残す時期があった。残った藁は土に鋤き込み、それが土を肥やす。時代が下り根刈りになって藁を還元しなくなれば、田は痩せていく。焼畑にも劣る農耕法ということになる。そのことに気づき、藁に代るものとして草を鋤き込むようになったのかもしれない。

畑ではどうだったろう。推論の材料はないのだが、刈敷には、かなり深く耕やさねばならない。鋤はシャベルであるから、原理としては、足で踏み込めば深く掘れる。稗粟の穂を摘みとった幹、豆の木、芋のからなどをそのまま鋤き込んでえられる畑土の上にあれこれの作物を栽培したのであろう。

水をひいて田を作ることを求められる頃の二郷では、西日本にいくらか遅れるとはいえ人糞を腐らせて畑にまくようになっていたはずである。二郷では、田についても畑についても刈敷は考えにくい。

見まわせば葦の原である。川の土堤、道ばたの草、利用しうるのはそれだけで、葦をそのまま刈敷くのは無理である。もっとも、ずっと東の方、湿地を通りぬけ、沼を渡れば旭山などの山が、北から南へと続いている。入会山に柴草をとりに一日がかり二日がかりという近世の話から思えば、旭山までの草刈りはそう遠すぎるものではない。しかし、それなのに二郷を草や柴のない村として見なければならない理由がある。

どういうわけか、二郷村には草柴の刈取りの話がないのである。およそ十三年ぐらいの間に回数を忘れるほどに村を訪れ、そのたびに老若あれこれとくり返し草や柴木をどこで刈りとったか、でなければ農耕の暮しはできなかったはず、との問いをくり返した。その結果が終りまで無回答なのである。もう一つ二つ、二郷では東の山々をつかっていなかったのではないかと思う動機をあげておきたい。

一つは、この山は現在隣の郡に属しているというだけではなく、近世はおろか中世においても明確に隣の領土であった。加えて鎌倉時代旭山の東、桃生郡深谷の城には長江氏という大ものが配置されているし、その南の石巻城にもやがて強力な領主が配される。それに比べ当時、鹿島台とか涌谷とかの地域にはあまり強い地頭が置かれていなかった。二郷の陸地の人たちが草をとりに東の山に入るのは危険なことだったであろう。

中世も終りのころとなれば、田を持ち米を作っている村があちこちにあることをすでに知る二郷の人たちである。鹿島台のようなところに本家とか実家を持つものは米を口にする機会がないこともなかったろう。しかしすっかり白く搗いて食べるわけではないので、今日の米と、稗粟の炊いたものを舌にのせるときに感じる、明確な感触差を、そのさいに感じたということではなかろう。文化人類学の研究者は、モチアワを一つのヒントにモチとしての穀物の食べ方を照葉樹林文化との関連で重要視しているようで、そういう食べ方を二郷のこの時代にもってきてみることも何かの手掛りになるかもしれない。

カユにするか、モチにするか、そういう食べ方で里芋などの畑作物とともに食べるということになろうか。今日伝えられるモチ的な食べ方だけでも各地にその話題は多い。アワ、里芋、大豆、小豆など、米を入れることでモチの形をしそうなものが大部分である。年貢としての上納のあとに残った屑米の重要な食べ方だったようでもある。粒のままでの米の食べ方は、二郷の人たちにとって米の食べ方のうちでもかなりぜいたくな方だったのではなかろうか。それとて、玄米に近いもので、しかも芋や豆や粟をまぜていたことはたしかである。

米を栽培することの意味は、二郷の人たちには、一つには食べものとして魅力ある作物という意味、もう一つは、その大方は名主の旦那やら地頭やらが、けわしい顔をして持っていってしまう関係の下での米作りという意味、ということである。

もちろん食べるものとしての米への関心がないわけではない。だが作る方についていえば、積極的に取り組む事情にはなかった。福ヶ袋、練牛、大柳、そこらを通って来た用水の少々のお余りをうける立場、そういったていどにしか二郷は臼ヶ筒樋門の用水とのかかわりを持っていなかったろうからである。鳴瀬川の水をもっとたくさんひき込んできて田を作りたいものと村中で語り合うほどのことではなかったのではないか。ヤポニカ型の米の栽培圏と一致させて考えてよいとする中尾佐助氏の作図によれば、二郷の地は、照葉樹林文化圏と落葉広葉樹林文化圏との境界から三十里、緯度にして一度ほど落葉広葉樹林の方に入りこんでいるという点に意味を感じるのである。米への関心が高い反面、米づくりに自然が向いていないということである。

百姓侍か侍百姓か

二郷村の人々が、足軽という肩書をもった人々を同居人として迎えなければならなくなったときに、この村の様相は大きく変わったようである。近世である。伊達安芸守家中足軽五左衛門、足軽金右ェ門、足かる正吉、足かる新左ェ門、足かる清兵衛……。二郷村の検地帳や新田検地帳にこういう肩書と名がたくさん登場してくる。

侍としての肩書「足軽」を公認されていた彼らは威張っていたにちがいない。とはいえ、威張る彼ら自身みじめな心境におかれていたこともたしかであろう。二郷村の人たちに、突然あらわれたこれら外来者を迎えいれる住居も、また彼らの生活を支えてやれる畑や田も、あろうはずはなかった。そこに、見かけぬ侍風のものがあらわれて布令を伝えていく。

みずから耕やすものが、検地によって、持高を定められ、検地帳に記載され、そして直接その畑や田の納税義務を負うのだ、中間にあって租税を取ることはいっさい許さぬ、との布令である。それまでの名主の旦那も名子も下人も、また一般の家のものたちも、検地帳に記載される限りでは差なしに同じ高持百姓となるのである。忠誠を誓いその代りに保証されていた名主の地位は、主人である地頭が姿を消すことによって解消してしまった。

もともと名子らはそこに暮している限り、その暮しの場を取りあげられることはない。なぜなら、草を掘ったり、たくさんの土を運んで畑にしたり、田を作ったり井戸を掘ったり、水はけの水路を引いたり、家々をつくる木を遠くの山からとって来たりの仕事は、村の皆でやってきた、そのあと拓いた畑をさらに均らして畑として仕上げるのは自分でやったりしてきた、その結果、部落の土地や屋敷や水路や道は部落皆のもの、同時にこの畑は自分のものと部落の皆が認めるようになった、というわけだからである。

ただ自分のものといっても、自分が耕やしているというだけのことで、自分の持物であるというはっきりした意識はない。五助――と仮にここでしておこう――の畑というし、五助の鋤鍬という。だが、そのばあいの「の」の字の意味は、現代の都会人が明確な所有権の意味をこめて使う「の」の字の意味とはだいぶちがう。「の物」とか「の持物」という実感なしにそれまでやってきたのである。したがって、あらためて誰某のものなどと殿様の方できめるのも妙なものである。

ことにここ二郷村はそう広くもない。田はろくにありはしない。太閤検地は、もともと田が主眼の仕事である。では太閤様は何のためにこんなことをするのか、二郷村の人たちにその意味は容易に分りはしなかったろう。

検地と刀狩りで高持百姓を定めるについて、その発案者豊臣秀吉も、またそれを実行していく諸大名、代官たちも、この田は五助のものと定めても、五助の持物として、権利を与える考えはなかったにちがいない。

　諸大名、代官にしても、太閤から、あるいは幕府から許された土地に対して「領主」であって「所有主」ではない。どのように権限が強そうに見えても、その拝領地の寸土の処分権もありはしない。戦国までの諸領主たちなら、自分で土地をかち取った上での領主といういうばあいもあり、処分もできた。そこが近世の大名と大きくちがうところである。近世の大名領主は、「領有」というよりは「知行」であり、封建領主という呼び名がふさわしいかどうかさえあやしい。したがってその拝領地で、五助をどう位置づけるか、おそらく、五助と田畑の間のこれまでの関係を、あらためて形をつけて追認する、ということにすぎなかったであろう。

　彼らにとって検地下知の意味は、なによりもまず納税義務者と場を定めることにあった。中世の名主や地頭は、その関係の中に踏み入ってあるていど専横なふるまいをしてきた。秀吉がそれを一切許さぬ絶対命令を下したのはなぜか。彼が村から出て、成りあがった者だけに、そこに統一権力者として自分の地位を保証させる基礎をおこうとしたのであろう。

　諸藩を設けはするが、その支配統轄の手は藩をつきぬけ村を透して一軒一軒の家に及ぶ。諸々の御触書や地方判例録の効力の大きさと比べれば諸藩はなんらの主体的処分権を持たぬ。ヨーロッパ中世の領主裁判権に相当するものさえ完全には許されていない。それらを見ると、村の一軒一軒が中央、秀吉あるいは江戸幕府の直接的統轄下におかれているかのようでさえある。もはや封建制とはちがう支配形式が彼秀吉の中に形成されていたのだし、事実そのあと三百年、その支配形態は変わりはしなかった。

　秀吉は、村・部落を民衆掌握の単位として設定しておきながら、それが民衆の主体的な農耕の暮しの場となることは承認したくなかったようである。過去にたとえば「国」といった形で、それが中間層の勢力形成の一つのよりどころになっていたことを見ぬいていたのかもしれない。そして同時に、村・部落がその主体性において生命体であり、つまりは生活者であることを知っていたということでもある。

そこで秀吉は二郷村の高玉部落十軒、そのなかの一つの屋敷に住む五助そのものと、五助が耕やしている畑のあれとこれそのものとの結びつきを確認し、その結びつきを固着させる。その畑を耕やし、そこからの年貢をあげるのは五助であって、他の者であってはならない。もとより、人頭税的な賦課の論理（たとえば所得税のような）が念頭に浮んだとしても、そこまでやるわけにはいくまい。

ここにあげるのは二郷村のものではないが、どこでも事情に変わりはない。四隅に杆を立て、丈量する。

一、検地に大事は竿の打様なり、随分念を入れ竿の延び縮みこれ無き様に仕度者也、子細は長百間横五拾間の所、田坪にして壱町六畝弐拾歩なり、又横五拾間を弐間竿を以て打時は弐拾五竿也、もし壱竿にて五寸宛延たる時には積にして五十間弐拾五竿の延壱丈弐尺五寸の違あり。（中略）

一、古法の検地にて円田には七九、三角の田には四三二の法を用抔といへども、中頃より曲円三角田共に四ッ四角取四方に靡《なびき》を指してかねのてを見合、角にして竪横十文字に竿を入れれば、曲円三角共におのずから四角と成の理也。

（「田法記」、『近世地方経済史料』六所収。村での検地竿入の実施方法については他にも記されたものがあり、必ずしも一致してはいない。）


そして問うのであろう。「この畑は誰のものか。」肝入が「五助の耕やすところの」と答える。村の主立《おもだち》が立会ってそれを確認する。「では」と書役《かきやく》が筆で名を書き入れるとき、その記入は、この畑の納税者は五助ときめたという意味になるのだが、同時にこの畑は五助が耕やすものと上からきめられたということでもある。耕やす資格を認める一方、耕やす義務を定めるということである。

ところで歴史学では一般にこのことを土地への緊縛としている。徳川時代の大名と百姓の関係の本質をあらわす第一の要素として、私も長いことこの考えを大切にしてきた。売ることも買うこともならない、という「田畑永代売買の禁止」も、「領主が農民を土地に縛りつけた」緊縛論の例としてよくあげられる。「田畑永代売御仕置」(寛永二十年〈一六四三〉三月)という文書がある。おもしろいのでその全文を原型のままあげておこう。

一、売主牢舎之上追放、本人死候時は子同罪
一、買主過怠牢、本人死候時は子同罪
　但、買候田畑ハ売主之御代官又ハ地頭え取上之
一、証人過怠牢、本人死候時ハ子ニ構なし
一、質に取候者は作り取ニして、質に置候者より年貢役相勤候得は、永代売同前之御仕置、但頼納買といふ
右之通、田畑永代売買御停止之旨、被　仰出候
(『御触書寛保集成』)

田畑を売り買いしたものは本人はいうにおよばずその証人まで入牢である。このほか領主が百姓を土地に縛りつけたというに足る材料にはこと欠かない。しかし、緊縛とはかたくしばりつけるということである。支配者が制度を設けて五助と五助の畑をしばりつける必要があったろうか。何度もいうように、五助、お前の畑だぞ、と言っても、その畑は部落内における五助の生活の場の具体的な位置にすぎず、他の何ものでもない。検地は、五助と五助の畑の関係を絶対的なそれとしてしばったのではなく、結びつきとして見る、そういうことだったのである。

五助一人に五助が(実は五助一家がなのであるが)耕やす畑を、それと明記して結びつける検地者領主の成立、あるいはそういう全国統一方式が形成された、その時点で封建制は終りを遂げた、そう考えたい。検地の意味をまず土地への緊縛においてとらえてしまうのでは、本当の封建制支配の意味も、そしてそこからの支配の逸脱の意味も見る目が曇ってしまいそうである。

とはいっても、ここで検地帳の重みに、もうすこし関心をはらう必要がある。検地帳が、名寄帳と結びつ

いているからである。

名寄帳は、その表題のように、家ごとにその耕地を寄せて再編集した土地台帳でもある。五助は上畑中畑下畑下々畑、上田中田下田下々田それぞれどのように耕やし結局どれだけの年貢米を納めなくてはならないかを算出するにもつかう。検地帳には家族は記されていないが、名寄帳にその家長の名とともに家族が何人と記すことで、その家の存在を公認し、戸籍の基本となる。このような名寄帳に緊密に結びついているということで検地帳はたんなる土地台帳とはちがった重みを持ってくる。耕やす関係を追認し、記したつもりの検地者ではあったのだが、時の経過のなかで、五助の畑から五助持の畑という言葉で言いあらわされる側面つまり「持」の意味合いが重きをなすようになってくるのである。そのあたりをもうすこし見ていきたいと思う。

二郷村付近の歴史に詳しい人たちの記述によると、送りこまれた侍たちは、家々の次男や三男にその田を「あたえ」て耕やさせたりもしたという。しかしまるまる与えたのでは、薄給を補うべくみずから竿答人になったことの意味はない。

寛永十七年（一六四〇）の木間塚村（二郷村の隣村）検地帳が残っている。たとえば伊達安芸守家中坂本蔵人のばあい。

伊達安芸守家中				坂本蔵人主
勘四郎作り	下々田	八間 十八間	四畝廿四歩	三拾八文
卯兵衛作り	下々田	十八間 十九間	壱反壱畝拾仁歩	九拾七文

（以下略）

竿答人坂本蔵人の名がまず示され、ほかに耕作者の名が記されている。坂本蔵人の田だが、耕やすのは勘四郎、卯兵衛他であるという意味である。この記載方式を作人記載方式としておこう。

薩摩藩下の郷士の抱地《かけち》も広い意味でこの中に含まれる。薩摩藩の郷士制のばあい、その部落の百姓たちは事実上郷士の家来となって兵のつとめと同時に抱地の耕作をしなければならなかった。

ここで、一般の検地帳に、この作人記載方式とは別に分付《ぶんつけ》記載というものがあることが思いおこされる。

拾四間 拾弐間 中畠　五畝拾八歩　修理分 彦左衛門
（武州蓮光寺村の例。『近世地方史研究入門』より）

修理というのは名義人、つまり竿答人の名であるが、分付けという形で右肩にあげられてしまっている。実際に耕やしている彦左衛門の名は本欄に書かれているので、素直に読めば彦左衛門がその田の主人公のようである。これは検地の本来の目的が、その田の年貢米を納める債務者をきめることにあったことからくる当然の結果であろう。

もともと、この分付方式は、分付者、この例でいえば修理の権利を守るためのものでなく、むしろ彼に、責任とか後見、保証とかを要求してのことと思われる。作人記載にしろ、分付記載にしろ、要するに、侍に扶持米を年々与えるかわりのものである。彼が侍でなくなれば、本来検地帳にあるその姓名は朱筆で抹消されてしまうか、もしくは付箋を上から貼られ、そこに別の名前が書き込まれることで終る。

だが、この二つの記載方式は、明治になって、西欧の土地の私的所有概念が地租の制度の形をとって持ちこまれたとき、具体的には、この田はだれのものか、とあらためて詮議されることになって検地帳がただ一つの公的な証拠として役所や法廷で開示されたとき、対照的な二筋道をとることが多い。作人記載方式では、竿答人、侍の名が本欄に大きく記載されているにもかかわらず、その名の頼りなさを露呈する。西南の役にさいして旧薩摩藩士にむけて発せられた決起の檄には、大久保らの地租改正を実施されれば郷士の抱地はとりあげられてしまい、士族の生活の道は断たれるという意味の烈しい訴えが書き込まれていた。

いっぽう分付記載では、分付主、先の例でいえば修理が、その田の「所有権者」とされ、本欄に大きく名が出ている彦左衛門は、不本意にも無視される。検地は、耕やす者と畑や田との間柄について、「所有関係」の役所的な確認を当初から潜在させていたといってよいのだろう。このばあい、その契機が、耕やす者をその田畑から逆に「引き離す」結果をもたらした。

だが、部落にあって日々耕やし、生活する者の、田畑へのかかわりは、以上のような、政策をすすめる者の方針、あるいは方針の変更にもかかわらず、生き生きと生きつづけ、今日も変わりがないようである。

第二次大戦後三十年をへたある日、岩手県の小繋《こつなぎ》村の立花かのさんという五十歳ほどの主婦が石油ストーブの青い火に手をかざしながら言っていた。

「山が誰のものになっても、毛の上は百姓のものだ。」

とりわけ力んだ発言ではなかった。しんみりとした語り口で言ったことである。先祖代々植えてきた木、自分たちもその間に植えてそれが若木になっている。その木も、小枝も落葉も、下生えも草も、その落葉や下生えや草のかげに育つきのこも、それらは皆、村の百姓たちのものだという。「け(毛)のうえ(上)」とはそういうことである。何十年にわたる入会権奪還の闘いの二代にわたっての中心となった一人山本清三郎さんは、

「この事件が起るまで、いりあいを権利だなどというふうに知っていたものは誰もいなかった。山を大事にしていれば木や草やきのこが育つ、それで暮しや田畑の農耕、牛や馬や山羊、どれもうまくいくのです。権利などではないような……。」

二郷村の五助や木間塚村の卯兵衛らが侍の検地杆入《さおいれ》にさいしてもったとまどいとおなじものを、現代小繋村の清三郎さんや立花かのさんの中に読みとれる。

二郷村の人たちは一様に伊達政宗に好感を持っている。土着の大名だから、という人がいた。それ以前に源氏が送り込んだ武将の支配下におかれていた時代があり、その後、土着の伊達家の時代になったという経過を思うと、その言葉の意味ものみ込める。伊達家は、自力でそれら外来の武将たちを排除し、あるいは輩下に組み敷いたのである。

伊達が源氏の色合いを塗りかえた上は、平家の落人という伝承のある桜井家を二郷の肝入にすえることになんの抵抗もなくなる。読み書き、家柄、勉励、それ

らの点で、その時期の桜井家が村のうちで目立つ存在になっていたことも充分に考えられる。多人数の足軽を入植させる伊達の政策をうけ入れるにも、肝入として、率先心をくばり、その居住、衣食そして開田への出役などの体制を整えたことであろう。

伊達政宗は中央の統制をそのまま受け入れることをひそかに拒んで独自の支配体制をしいた。つまり本藩の下に支藩を設け、一族の遠縁近縁のものを小領主として配置する。支藩の領主はその許された範囲の支配力を活用して経済的には自立し、また軍事力を蓄える。兵力の蓄えは村のなかで、ということになる。二郷村には涌谷に居城を置く支藩主伊達安芸守宗重が、本藩の方針に従って足軽を送り込んだ。しかし、百年の余も泰平が続いてしまえば、これら屯田兵もいつか侍らしさはぬけて、はた目には並の百姓といったものになってゆく。

もともと涌谷藩の足軽などというもの、いずれ、百姓の二、三男のはみ出しものか町のくいはぐれか、流れ者の集団のようなものである。譜代のものもあろうが、そうした上流の足軽は常備兵として城下に置かれていたとも考えられる。二郷に送りこまれたのは急ごしらえの、ごく薄給の、たとえば五石二人扶持といった足軽たちであった。

それにくらべ、桜井家は一家落ちのびて葦の原に身をひそめるほどの落人とあれば、よほど確かな侍の血ということになりはしないか。三百年四百年のあいだ、領主からは士分として扱われたことが一度もなかったにしても、である。だからこそ、当桜井家では、甲冑帷子に槍など、大切に心掛け、伝えてきた。

会津の農家の一軒に、もと侍というのがある。徳川時代の後期に村に派出されたのだが一向に呼び戻しがないままに村にとけこんで百姓になってしまったという。彼は、「私の家は百姓だ」と絶えずくり返している人であるが、居ずまいはいつもきちんとしていて他との違いを意識していることがよくわかる。また、会津若松城の近く、幕内村というところに佐瀬与次右衛門家がある。中世、地頭から派され、徳川の時代にそのまま村の名主になってしまった家である。その何代目かが『会津農書』という書きものをあらわして殿様に大層ほめられたという。名主になることで士分は否定されたのだが、村の人たちからすれば、彼の家は、いつまでも侍だったのであろう。そのことが、この家の主が百姓に農耕を諭すようなものを書き、それが殿様を満足させる要因の一つにもなる。

あれこれちがいがあるので、定式化して言うわけにもいかないが、拾いあげてみれば、侍とか侍の血とかいうもの、案外に村のなかで気になる存在であったろう。歴史上のことばで言えば刀狩り、俗に言う兵農分離のなせる業だったのである。

もともと定住農耕の暮しに入るところで武器を捨てている村の人々である。百姓としての身分という言い方で規定され、兵になることを末代まで許されないと宣されたところで、不都合を感じるいわれはない。世界史上数知れない民族戦争なるものにまき込まれる機会のなかった日本の村の人々としては、自ら武器をとらねばという衝動は容易に起るものではない。

そういうわけで、城下の町に侍の集団があり、何かの機会にその侍と不本意な接触をしなければならないことがあるとしても、平常気にしなくてすむ間柄であれば、百姓まことに結構ということになる。年貢米のとり立てがきびしく耐えがたいものであっても、戦争にかり出されるよりはよい。そこは秀吉も目をつけたところ、つまり兵役は免除するから年貢を精一杯に出せというわけである。

百姓身分をお上から定められた、その意味を民衆が身に沁みて感じさせられるのは、血の違いとして同じく侍身分を定められた侍を村にうけ入れたときであろう。つい先ごろまで同じ百姓の次男三男であった駆け出しの足軽侍であっても、この者の血は侍の血なので百姓のとはちがうと、村の人たちは考えなければならない。何かにつけてそれに念を押され、何代も何代もつみあげられて、同じ村にあっても、互いにどうしようもなく血の違いを、骨の髄まで感じあうようになってしまう。

かりに秀吉の兵農分離方式が打ち出されていなかったならば、城下からやって来た侍を見たとしても、百姓は生業の上でのちがいを感じるだけのことであったろう。徳川時代以前の侍は、みずからの力でそのことを示している限りで侍であったのに対して、徳川時代のそれは、血統をもってその証しとする。「百姓」と同様、「侍」におけるこのような意味もまた、封建制という概念からはかなり距離がありはしないか。

涌谷支藩の城主は、まだ兵農分離の行われていない時代からここを居城としていた。そのころは二郷村の百姓たちは必要に応じて兵にもなってこの城主に従う関係にあった。また刀狩りのあと村に配置された藩士の中には、もともとここに居をかまえていた百姓や名主が含まれていたろう。伊達宗重は二代ほど前に宮城県南部の亘理に城を持っていた千葉家の子孫で、その間に姓を千葉、亘理、伊達と変えている。これを土着と言うのは妥当ではないが、秀吉や徳川の号令で拝領となったものにくらべれば、やはり土着的だったということになる。

この土着性は、土豪性と言いかえてよい。したがって涌谷の城主は、村々の名主なる旦那とその隷属下の名子、作り子の関係を上から解体することには消極的だったと考えてよい。むしろその関係を支配のよりどころにしようとしたのであろう。ただしそれも長く続くことなく、十七世紀から十八世紀にかかるころには大方成り立たなくなったように見られる。

一、家数　五拾壱軒　内　名子壱人　水呑六人

（「風土記御用書出」〈二郷村、安永四年〔一七七五〕〉より）

涌谷藩の家臣のうち知行五貫文以上のものは二五人で大多数はそれ以下であったから、大部分の藩士は半農であったという説明文もあるが、実は、もともと農兵であり、だから薄給で家中とすることに何の不合理もなかったということでもあろう。

足軽にせよ村の中のかなりの人数が士分の肩書をもっている。それを領主の側から見れば半農の侍がたくさんあったこととなる。一つのことをむこうとこっち

とで見ているだけのようだが、二つの見方のもつ意味のちがいは大きい。農耕するものに士分の肩書が与えられることは、そこに、農耕者としていえば一つの不純な要素がつけ加えられることになる。そこを起点に、彼は体質の変化を要求されている。

つまり百姓としての年貢上納のつとめと、侍としての上意をうけとめる責任の両方を果さなくてはならない。だが他面では並の百姓を見下すという気分のよさを味わうことになる。

二郷、木間塚などの人たちは伊達騒動に多分の関心を示したと伝えられているが、事実だとすれば、侍としての半身にうずく忠義感が一役買っているということになりはしないか。

領土意識というものが、耕やす人たちの心のなかにそう容易に湧いてくるものとは信じられない。互いに力をあわせ家族総出で畑を拓く、その時点で必要なところまであるいは種を播ききれるところまで拓いて鋤の手を止めれば、そこまでが部落なのである。隣の部落とその開拓の鋤先がかち合えば、そこが部落の境である。

拓く鋤をとめた先がなおも続く草原や林であったり、二郷村のように葦の原の湿原であったりすれば、そこから先の、ふだん草や木の枝や葦を刈りに入るあたりまでを部落の区域だなどと決めたりはしない。二郷村の人たちは、湿地へと田を拓いていくが、前にものべたように上手から来る用水のとり入れ、下手から雨季などに上ってくる水の防禦、今ある水の排除、それらのための手筈がどこまで整えられるかによって、田を拓く場もここまでというおよその限界が定められよう。さらに部落それぞれ、農家それぞれが畑を耕やし、さらにどれだけの手間を米つくりにまわせるかを考えたなら、おのずと、ここまでという畔《くろ》の位置がきまってくる。もちろん、自分の側の都合や事情を超えた「上」の意向によって、余儀なくもさらに下手へとわけ入り泥沼に膝までつかるようにして葦の根株をぬきとり最後の田の畔をもう一本そこにふやすことになったりもする。

だがそれにしても、そこから先は葦の原であり、誰の、とか、どこの、とかいうことは誰の意識にもない。ただし、部落お互いの家数や人数がふえて葦の刈取りの量もふやさなければならなくなると、ここから先を刈込んではいけないという境界の認識がはっきりしてくる。

入会にかんする争いは現実にはそう多いものではない。部落がここまでと自分たちの草刈りの範囲を定めそれを隣同士互いに認め合うということであれば、そこを越えて刈りすすむことには、なかなかならない。他との境界としてではなく自分の方の生活域としての論理が、まずは起点になっているのである。

領主がその経済的あるいは軍事的理由から山を一手におさえ、近くの村や部落の人たちの入山の慣行を無視して駆逐してしまうことがある。その上で領主は、必要と認めた範囲の林野を村中入会地とか村々共同入会地というぐあいに定めて入山を許可する。

そこは概して、かねがねその村や部落の人たちが入っていたところではあるが、その範囲を明示し、あるいはおしせばめて、ここまでと絵図に線を引く。二郷村のように、領主がその葦原の湿地にそれほどの利害関係を持たないところでは、入会地の公認ということはなかったようで、この村には入会地ということばもない。

絵図に描いた入会地の境界線は、力ある他者がその都合で介入してつくったものである。そこに争いの起る因子がある。殿様が引いた線だということが、そこを越えてよいと考えさせたり越えてはならないと考えさせたりして争う余地が生じるのである。

木間塚村と二郷村の間に村境がある。だが、その前に、屋敷地や畑や田を逐次拓いてここまでと定め合った部落の屋敷地田畑の外縁同士の接触線がある。それは、たとえば二郷村の北寄りにある高玉とか慶半部落と木間塚村南寄り、部落の田畑屋敷地のひろがりのふれ合うところである。

力のつよい者があらわれて、その民衆支配の都合上それら部落の幾つかずつを一まとめにする。その者をおしのけて別な強者があらわれて、一まとめのくくり方を変えることもある。××名とか椚屋敷とか、比較的あるがままのまとまりで支配した中世のころにくらべ、十六、七世紀以降になると、村という統一的な名称で一定の大きさでのまとめをするようになる。その形を日本全国完全に画一化してしまうあたり、とても封建社会の様相ではない。いうところの行政村である。中世的な封建社会には国家的な規模での行政の末端機構という意味での行政村の概念はなかろう。洋の東西を問わずそう言えるのだと思う。

ところでこの行政村に対するものとして自然村という概念がある。部落をさすのであろうか。しかし部落は、意識して人々がつくったものではないと同時に自然にできたものということでもなさそうである。人々が住み耕やす場、それ以上でもなければそれ以下でもない。

北から南に流れる水路、そこまでが葦を刈りに出る日常の生活の範囲であれば、子供たちの遊びの範囲も大方そこまでということであろう。部落の背には鳴瀬川がある。ここもまた子供たちの遊びの場所であったろう。

思えば、二郷村の子供たちは山で遊ぶことを知る機会には恵まれなかったにちがいない。どこの村にもたいがい入会山というものがある。五月六月の口開《あ》けには、小さな村ならば村中勢ぞろい、そうでなければ部落とか契約講とかのまとまりで山に入る。その日、人人は部落から完全に姿を消してしまう。同じような草刈りの鎌を笈に入れ、女子供は薬罐は言うに及ばず煮炊きの鍋まで持ち、稗や粟芋など二回分くらいのものを背負って山の裾までやってくる。赤ん坊まで入れてゆうに何十人の団体である。子供たちにとってこれはまさに遠足であり、大人たちにとってもちょっとしたお祭りさわぎである。近くの平地林を入会地にしているところもある。里山と言ったりする。里に近いからであろう。近くて便利ではあるが、木の種類が限られ、とれる薪や粗朶はおおむね同種のものになる。

遠くの奥山に入会地を持つ部落は大変である。朝の暗いうちに出て夜真暗になって帰る。手伝いと遊びの半々で疲れきった子供たちは大八車の薪朶の中でか、女の背で寝込んでしまったりもしよう。

そうした入会地の山が深いほど、きのこや山菜は多様で豊富でお菜として食膳をにぎわすし、干したり塩につけたりと、その貯蔵法にも工夫がこらされる。部落の地続きの葦の原が草も燃料も取りに行く場所になっていたことは、二郷村の人たちにとっては便利ではあっても、山の豊さにめぐまれなかったことでもある。そしてそれだけに、家の周囲などに木を育てることを大切にしたのである。


ところで、元禄九年（一六九六）七月六日に肝入甚兵衛が田を拓くことを怠っているのではないかとのお上からのきびしい取調べにたいして、一種の反論をしている文書があって面白い。それより十一年前の貞享二年（一六八五）の時点で七十七町四反二畝七歩の新田開発が成立しており、二郷村に残っている湿地は三十町ほどとなっている。

「右之通り二郷村残谷地御座候得共、右谷地御新田に成し置かれ候はば、近所に野山もこれ無く、残谷地にて草飼、薪等迄相続罷有り候ところ、只今御新田に御開発成し置かれ候ては、（中略）至て草飼ならびに薪等も迷惑つかまつり候あひだ、御新田成し置かれ候段、相除かれ下し置かれたく願ひたてまつり候。」

（署名は甚兵衛〔肝入桜井〕。佐々木政雄『南郷水利史』より）

もう二郷村での新田開発はかんべんしてほしいという陳情である。藩は村の湿地の立入り調査をしたと見えて元禄九年七月末日の日付でその報告文が出ている。前の陳情書の日付から二十日ほどしかたっていない。この日付は近すぎる。陳情が大肝入の手を経て藩のしかるべきところに届き、それをうけての調査ということではなかったのであろう。むしろ逆に、立入り調査があって、ここ十年ほど新田開発のない静かな状態が破られそうな様子だと知って、村内のおもだったものと鳩首協議の上でこの陳情となったとみるべきだろう。

権勢を誇る伊達藩、その支藩のなかでも上位に列する強力な涌谷藩、これにむけて新田をかんべんしてくれと書出を認《したた》めるについては、肝入桜井甚兵衛としてもそれなりの覚悟を必要としたであろう。何しろこのころの様子から察すると、伊達藩は相変わらず村々に兵力を備蓄し、その兵力の自給のための農耕のみならず、あわせて新田づくりを推進し、彼らを年貢米増加に一役かわせようとしていたようである。

元禄・享保期は、およそ全国的に諸藩がその財政の膨張を補うために盛んに新田を開発していく時代である。諸藩の新田開発には、百姓たちの労役を利用して村にやらせるものから、江戸大坂の商人に請負わせて行う大規模なものまで、小は一部落の単位、大は何十か村のひろがりに至るまでさまざまであった。

二郷の湿地を調査した役人は、三十九町二反八畝は水掛りがよく新田に向いている、十町四反六畝は「高谷地ニテ」水掛りがない、と報告している。この報告書の見出しには「二郷村残谷地御改」とある。二郷村とは、どこまでのことなのだろう。おそらく、よその村でいえば入会地にあたる葦の原を含めてのものであろう。さきの肝入の陳情書からもそう察しられる。

入会地のばあいは、絵図で見るとたとえ村続きの地でも、山の名を記した上で何々村入会地とか、何々村外何か村入会地などとなっていて、村の区域の中に含めてはいない。藩主としては、入会地を自己の直轄下に置いて一定の範囲で従来からの村々の人々の入会地とのかかわりを承認して行こうということのようである。ところが、ここ二郷村については、唯一の草刈場である葦の原を村域に含めているようである。このやり方が、やがては、その葦の原を、開墾すべくして怠られている村地とする根拠にもなっていく。

「えらいことになってきた。」

藩の開発の論理と部落の農耕生活の論理のあいだのくいちがいの所産である。ここでまたしても、百姓侍か侍百姓か、のことが浮んでくる。

ここはていねいにそして間違いのないように把握しておきたいところである。村の人たちが山を拓き、あるいは低湿地を干拓して畑にしたり田にする、そのどちらも新田である。名主・庄屋・肝入が申請して許しを得て拓いたり、お上からの推奨に応じて行うこともある。分家が一戸前の百姓になろうとするときに多く見られるものである。このばあい、町人請負新田など、水田増加の政策による大規模のものとは事情がちがう。

誰かの家が次男三男を分家に出すのに湿地を拓いて田にしたいと言い出せば、部落では用水排水のぐあいや、草刈場の草が足りなくなりはしないかなどといろいろに検討してその可否をきめ、さらにどこを田畑にするのが部落にとって、当人にとって一番都合がよいかを考えたりする。それを決めることは、部落がその人を部落のなかの一員として認めることであり、水も草も、あるいは家つくりも、そして先行き末代までの屋根ふきの仲間としても保証するということであり、それだけに決して簡単にきめてしまうことはない。しかし仲間にするとは言っても、それは広義にいう同列のことで、部落の公的な行事には本家を通じて参加しているにすぎず、契約講などには参加を許されないままに何代も過してしまう分家も少なくはない。

契約講に加えてもらえない家は、たとえば入会山に入るについて、山の口開きに参加を許されないというばあいもある。しかし、夏に入って草があとからすくすくとのびてくれれば、刈りとることを許される。田畑の仕事の多いころであり、また一度に刈りとれる量が少なく不安なことではあるが、まめに山に通えば、不足ということはない。

新家のこのみじめな立場は何代たっても変わらないことが多い。拓いた田畑がものになったとしても元来水はけが悪いとか、洪水になれば一番先に水をかぶり最後まで水の下になっているとか、何年たっても鍬先にときどき石が当るとか、苦労はたえない。その上、草が足りなくて馬や牛を飼いもならず、自分の家の排泄物のほかは遠く城下町まで下肥をとりに行って肥料にすることもある。契約講の家々とのこうした開きは大きい。

だが新家の立場でみれば、契約講は本家の集まりである。それは本家の分家いじめに見えるがこの関係を崩せば部落は自壊する。

何代もたってくると、新家はさらに分家を出すことがある。その村に畑や田を拓く余地が多かったり、藩や幕府直轄の工事で排水がよくなったり、用水が多くなるとかで開拓の可能な地がふえたばあいである。

新家の数がふえてくると、新家同士で講をつくることがある。その講の求めで村の名主は主立にはかってその講に専用の入会地を設けてやる。多くのばあい、皆がなかなか行かない勾配の急な沢であったりする。そういう草地萱刈場の融通もつかないとなれば「乍恐以書付上願申候」という陳情書を書く。一度や二度の陳情で城中までその願いが届くとは限らず、そこは根気よくくり返す。晴れてお許しが出たというので出かけて行ってみれば、日帰りなどとても及びそうもない奥山の草地であったりする。名主はあらためて山への泊り込みの承認をもらっておかなくてはならない。やはり新家創出は容易には承知しないのが部落の得策なのである。

二郷村のばあい、その住みかとして拓いてきた自然堤なる陸地と、その周辺に若干拓いた水田、その先にひろがる葦の原、その釣り合いを大切にしなくてはならないと考えるようになり、新家をふやすことに充分注意深くなった時期があるようである。肝入甚兵衛の陳情から察すれば、その上申の元禄という時代よりもはるか以前からのことだったと判断される。なにしろ、この陳情書の行間には、たびかさなる強引な開墾で葦の原はすでにすっかり食い荒されて家々の焚き物、牛馬のえさはいよいよ不足勝ちになってしまっていることが語られている。

これでは田畑はやせ、きびしい米の年貢取立に応じきることもあやうくなる。米年貢が納めきれなければ、家々の人々の暮しのもとになっている畑の作物をへらして陸稲を作って補うとか、畑の作物を金にかえての代金納のほかにない。畑年貢は代金納で差しつかえないとされることが多いが、田の年貢は、原則として米で納めなければならない。となれば、米を買って納めることになる。売る畑作物は安く、買う米は高い。

葦の原が減っていくことは、焚き物が足りなくなるというだけのことではない。そのもたらす不安は多面的で、やがては米どころか、畑の稗粟さえよほど節約して食べていかなければ、前年の蓄えが底をついて新穀に手をつけなければならないことになる。そこで凶作でもきたらどうなる。一年と食いつなぐことはできなくなってしまう。この静かな陳情書に、二郷の人たちの情念こめての訴えと抵抗の心がこめられているといっても過大な表現にはなるまい。

それをうけての、庄司権内、留松長五郎という立会調査役人と思われる者の報告が「三拾九町弐反八畝歩　水掛りよく、御新田ニ成さる可き候分」である。この記し方は、あまりにも無情に見える。それにひきかえ屋敷・畑・田など人間が自分に都合よく形を変えた部分と、草や薪やきのこなど自然のままの部分との釣り合いを唱えて訴える肝入甚兵衛のことばのうちには、農耕の暮しの論理と倫理を感じとれる。

米年貢という藩財政のあり方を変更することなしに収入をふやそうとする諸藩、そして幕府自身の急激な開田政策が、元禄・享保のころ顕著になる過程は、とりもなおさずこの釣り合いが侵されはじめる過程でもあった。

耕やす人たち、その部落がみずからの生活の必要から行なってきた開墾がある。それは焼畑から水田づくりまでの長い歴史である。次いで地頭などの租税のとり立ての恣意的なはげしさに耐えるためにと畑をひろげ田をひろげる時代もあった。その時代には、諸領主自身が民衆の賦役を駆使して行う開墾も盛んで、佃(直営地)の拡大という形でその収穫を直接わがものにすることが領主の目的であった。

しかし、そうした中世の封建領主のやり方は領主それぞれに多様であり、統一的でもなければ計画的でもない。武田信玄の治水水利方式が歴史に残っているが、その方式が他の諸領主にまで画一的に踏み行われるということではない。大方の地方では、そのままの土地の状態で畑や田にできるところを開墾していくといった程度で、大規模な用排水工事や干拓を伴う開墾はそう多くない。その限りで領主は自分の生活や経済を考え、それが不満ならば他領を侵すよりほかない。まことに封建的なのである。人と自然の間の釣り合いを崩すところまでいかないのである。

だが十七世紀とか十八世紀とかになるとそうはいかない。他領を侵し、あるいは他からの侵入を防ぐのが侍の仕事だとするならば、この時期、近世になってしまうと、侍はおよそ無用のもの、非経済的なものとなる。だが、なくしてしまうわけにはいかない。そこで侍は民衆にむけて年貢の取り立てや開墾の推進のにらみをきかせる、「徴税吏」か「警察官」になってしまう。領主は、人と自然の間の釣り合いを崩しはじめるまでに開墾干拓を村々や部落に求め、あるいは商人、資産家に依頼してすすめる。治水や干拓の技術は軍法にかかわることだから幕府専有のものとなり、諸藩はその支配下に開発を行うことになる。大きな事業は幕府直轄となる。用水についても、溜池の造り方、堰や樋門水路の設計施工など、細部にわたるまで幕府は指導の体制を持っている。そのための中国の技術書の解読、指導書の刊行など、学者を動員して積極的である。

昭和二十年代まで、大きい河に沿って汽車やバスの窓から見える治水施設はどの地方のものでも同じで、蛇籠、牛わく、聖牛、乱杭、上流では砂防堰堤など、全く同じ設計で設けられており、これが驚くことには徳川幕府下の治水技術書に一致している。溜池を見ても水門を見ても同様である。

二郷村には、そうした統一的で計画的な開田の推進の要請に、もう一つ伊達藩の個性が上のせされて強力に迫ってくる。件の臼ヶ筒樋門も何度か手を加えられ、その用水路も改修されたことにちがいない。水の多い鳴瀬川であり、そこからの用水をある程度豊富にさせることに涌谷支藩は成功していったにちがいない。

ここで明暦三年（一六五七）の二郷村新田検地帳をみてみよう。

伊達安芸守家中足軽　五左衛門
下々田　三畝拾歩
下田　九畝弐歩
また、

同人家中　安部才三郎
下々田　弐反弐畝七歩
下田　一反四畝歩

五左衛門には足軽とあって姓がない。安部才三郎には姓がある。さしたる上位のものではなかろうが、五左衛門にくらべれば、どうやら本物の藩士の感がつよい。では五左衛門はどうなのかといえば、この時代、いわゆる「二字の禁」で苗字を持つことを許されなかったのは百姓であり、足軽は、最下層といえども侍であり姓を称えることは普通のこと、とすれば五左衛門の家は侍百姓といってよいのだろうか。

ところで、ここで注目したいのは、さしあたり安部才三郎のほうである。二郷村の沼田という地区に下田下々田あわせて八反九畝七歩の新田検地をうけている。五助（前に仮にあげた五助の家だが代が代っても五助とすることにする）さんの家のようにこの村の根っからの人々にとって、これはただならぬことである。一軒だけならば大したことはない。荒五右衛門、沼田三郎など、あいついでこの種の侍の名が上ってくるのである。

侍が村に部落に入ってくるのも大変なことだが、新田とこの侍たちの名が結びつくから、さらに大変なのである。安部なる侍が給地を得てそこを拓く。五助さんたちが夫役でそこの葦の株を掘り上げ引きぬかされた労苦は一応一時のことだとしてもよい。しかし、そうしてできた田のところは部落の誰かれが葦を刈りに入っていたところである。

樋門、江筋が改修されて水が多くくるようになった。田を何町かふやしても大丈夫だということになった。としても、村そして部落では、そう簡単に田を拓くことをしてはいない。田をふやすことを抑えに抑えて葦の原を大切にしているところに、外からやってきたものが「上」の命令で、容赦なく葦の原をつぶしていく。土足で御免とあがりこまれるようなもので、しかもその田でとれる米はその侍のものになってしまう。

彼は異邦人だから部落の秩序の中には容易に入りは

しない。早い話が村仕事への出役などするはずはなく、むしろ百姓たちに命じて葦を刈り取らせたりもしよう。そういう異邦人が五人十人と入りやがては二十人にも及びそうである。二郷や木間塚に住むものもあり涌谷の城下の侍屋敷に住むものもあるようで、後者の方が多かったと見られる。村内に住むにしても少額なりとも給金を受けているので、不足な物は町で買い補う。薪炭も町で買うことであろう。五助さんたち村の人たちの焚き物が減っていくその痛みは彼ら侍のものとはなりにくい。

隣の木間塚村では、坂本某という侍が、寛永十七年(一六四〇)検地帳で新田二町八反余の竿答人になっていた。だが、それも勘四郎作り四畝廿四歩などとなっていて、自分では稲を植えていない。卯兵衛、市兵衛、卯作、伝左衛門、太郎左衛門などそういう「作り人」が何人もいて、その侍が自分で耕作しているのは五分の一にすぎない。二郷村でも、姓を記されている本物の侍は自分で耕やすことなどなく、城下に住み、あるいは村に屋敷を持ちなどして百姓たちに耕作をさせていたのが実情だった。安永期(一七七二―八一)の二郷村の「書出」では「人頭、四拾四人」のほか「安芸様御家中六人」となっている。明暦期(一六五五―五八)の新田検地から百二十年たってのことである。藩主とすれば、藩士たちは開田にはげみ、年貢の収入はふえるばかりで、その政策の総元締である仙台伊達藩は一層満足ということになる。

もっとも仙台伊達本藩の支藩へのしめ付けは強い。寛永十七年(一六四〇)の仙台藩総検地では二割の「出目」(増反)があげられるが、この分の年貢米はすべて仙台の本藩が召し上げている。

五助たち村の者にとって、検地におけるこの「出目」的契機は直接にはかかわりのないことである。葦の茂みのかげに拓いた田や畑をかくしもならず、年貢が免除される三年あるいは五年の鍬下《くわした》年季ののち年貢上納の対象になるわけで、その新規の年貢米が涌谷藩のものになろうと仙台藩のものになろうと、さしあたり関係のないことである。だが涌谷藩としては深刻なはなしである。総検地までの何十年かの間、とにかく

「出目」でとりあげられない間は新田の年貢分はわがものとなるので、いきおい新田開発をさらに急いで藩収入をふやそうとする。

それが二郷の村、部落の生活と生産をいっそう荒らしていく。

伊達騒動

二郷の部落から東の方、葦の原のはるか先に高くない山が北から南へとつらなる。正面に鳥の巣山、その右、南に矢返し山、左、北の方に旭山である。鳥の巣山のすぐ裾に長沼がある。長沼には、ずっと北、旭山のはずれのあたりの名鰭沼から入り込む流れがある。流れは長沼で一度ふくらんで胃袋のようになり、また細くなって矢返し山の裾を通りすぎるところで、かたびら山というこれも大きいとはいえない山の裾にさえぎられる。このあたりは一番の低地である。そこで水はゆるやかに渦をなして溜り、いびつな沼を形成する。三合沼である。この部分には、二郷村の人々がおいおいに当面せざるをえない不可思議なできごとがおこる。そしてそのあと現代に近い時期にむけて宿命的に、いっそう深く入りくんだ問題がおこってくる。ぜひ三合沼のあたりに立ち入っておきたいところである。

そうは言っても、このあたりが、そのころ本当はどうなっていたのかは、よくわからない。この一連の水系に人手が何度も加えられて、もとの状況が判断しにくくなってしまったのである。徳川時代、明治の時代、そして大正期はよくわからないが、昭和になって戦前戦後と、戦時中を除けば、ほとんどひっきりなしと言いたいほどにいじられている。すべて水利ないし土地改良事業である。水路を引く、それをつくりなおす、トンネルを掘る、それを閉鎖する、またトンネルを掘る、水門をつくる、それを廃止して別の水門をつくる。どの工事もその時点、その場面に当面するものにとっては、一つ一つが確実に意味のあるものだったのである。

たとえば、元禄のころに掘られ、元禄潜《くぐりあな》穴と俗に言われている鞍坪《くらつぼ》くぐりあなというのがある。のちに崩れて使えなくなった、だからそのすぐ脇に新たなトンネルを掘らなくてはならない、といったぐあいである。

さて、この三合沼のあたり、水かさを増すと、水は沼をあふれ葦の原をひたしていくのだが、あるていどまでくると、矢返し山とかたびら山の接点の方におしひろがる。そこは山峡の状態と思えばよい。やがて水は山峡を通って次のひろがりへと流れていく。

もとより、二郷の人たちにしてみればあの遠くの方を、葦の茂みにさえぎられて日ごろは見られることもなく静かに流れつづけているその流れが、矢返しとかたびらの山峡をへてそしてその先どういう意味を持っているかなどは、考えてもみない。だが山峡の下手の村々の人たちにとって、またそこを支配するものにとっては、事情は別である。

その村の人たちの住みつきは二郷の自然堤への人々の住みつきにくらべて、それほど前でもなく、またひどくあとということでもなかったろう。一山越えたその村々は、山を北ないし西に背負う暖かい土地にやががて二郷村と同じように無理にでも田を作り稲を植える方向に進まなければならなかったにちがいない。

そうなると、この矢返し山とかたびら山のあい間をぬって流れてくる水は大切な水源になる。上手の出来川から名鰭沼、長沼、三合沼と、時間をかけてここまでやってきた川の水には清水のような冷たさはない。湧き水にくらべて栄養分もある。そしてもう一つ、この水は春から秋まで、大きな変化なしに流れつづけていたのではなかろうか。

したがって山の向うの三つの沼、その周辺の湿地は、彼らにとってぜいたくなほどの貯水場でもある。水位が上れば沼をあふれた水は葦の原を五寸一尺とみたし、下れば葦の根株は、かねて一杯に吸い溜めていた水を徐々に滲み出して沼や水路に戻す。地表がかなり乾いて細かなひびわれが見えはじめ、地下を動く水が涸れるほどになっても、葦の根株が含んだ水は地下水で沼や川の底につながっている。

山に木が繁っていると沢や谷の水は少々の乾きにも絶えることがない。また大雨の時にも木や草の根が山の土の中に水を溜めとどめるため洪水や鉄砲水をおさえる。山峡から下手の村の人たちにとって葦の原と沼の幾つかは、水源涵養林のようなものだった。

もしも、田植えのころになって、妙に水の来方が悪いとなれば、村々の肝入か組頭が寄り合った上、この山峡のあたり、さらには、三合沼から長沼のあたりまで様子をうかがいに来る。ひそかに、ということでもあるまい。この系統の水を田に引くようにしていたと思われる小松村矢本村、そのほかの村々の人たちは、住みつきをはじめたころから草や焚き物を取りにかたびら、矢返し、さらに足をのばして鳥の巣山などに入るのを常としていたと思われる。部落にとって、それらの山々はいわば裏山であった。

領主地頭にしても、入山を禁じなければならないほどの、たとえば用材林として大切にしようと考えるほどの高い山ではない。その人たちは、入会地としての認可を受けてこれら山々に草木やきのこを取りに入り、そこから幾つかの沼や広い葦の原や草の原を、その先の田んぼの拡りを、二郷などの村々の連なりを見おろすときを持ったろう。ただ二郷、木間塚まで足を運んだもの、ましてそこの人たちと口をききあった者はいなかったろう。肝入や長老たちは、そこを涌谷藩と言い、わしらの藩とは別の殿様が支配なさっているからだ、と、だれかにきかれれば答えることができたにちがいない。

しかし、侍が送りこまれ、沢から山裾へ、そして平野にむけて田をひらくことが積極的になり、仙台伊達藩の強力な方針の下、侍が新田検地の竿答人になって部落の人たちを開拓や稲の作付に使役していくといった事情は、涌谷藩二郷などの村々と少しもかわるところはなかったろう。となれば田の用水源はいよいよ大切になってくる。

かくて、藩主はこの沼や湿地を小松村、矢本村などの新田にとって不可欠な水源と考え、水路の改修などそれなりに必要な施策をとっていくようになる。いうなれば、矢返し山やかたびら山を背にする村々が拓いてきた水田と両山の山峡の上手の沼・湿地とは一つの組合わせをなしていたと言える。

もとより小松村、矢本村の部落で、この沼や湿地を自分たちの村や部落の一部だと考えたのではない。それは二郷村の部落の人たちと同じことである。小松村、矢本村を郡で言えば桃生《ものう》郡となる。二郷村は、遠《とお》田《だ》郡である。

さて二郷村であるが、頼みとするただ一つの水源は鳴瀬川の臼ヶ筒である。侍にとっては自分の収入をかけての新田開発であるから、樋門の改良や臼ヶ筒大江筋の拡幅、浚渫あるいは堰や水門の作りかえなどに真剣にならざるをえない。彼ら侍たちには新田を拓くことは単に田をふやすだけのことでしかない。葦の原が減っていくことについては、何も感じとることを必要としない。臼ヶ筒の水は、桜井甚兵衛の部落の椚屋敷のあたりからさらに下流、中才、砂山などの部落に拓く田をうるおすところまで引かれていったろう。その経過は明らかではないが、とにかく臼ヶ筒の水なくしてそれら下手に田を拓くことはできない。

田がふえれば使う水もふえるが同時に捨てる水も多

くなる。田に入れた水が全部下手に流し捨てられるわけではなく、田面から蒸発する分や稲の葉面から蒸発する分もあるし、地下に浸透する分もあるが、地下に浸み込む分は大方地下水になっていくから、いつかは流水となり地表を流れ下った水と一緒になろう。その水が、沖新堀――さきにふれた葦の原の中間のあたりを北から南に流れる細い窪みだがこれに手を加えて排水路にしたことで「堀」と名づけたのだろう――を満たす。二郷村の上手、木間塚、練牛、福ヶ袋なども同じように田を拓きすすめるから、沖新堀はその分の排水もかなりうけとめる。この水が一度竿指沼に落ちる。この沼もかなりのもので、広いところでは東西五町くらいの幅はあったろうか。明治末の測量の地図では百五十メートルほどに見えるが、どんどんと押し縮められたあげくのものである。そして現代の地図では、どれだけ拡大してみてもそれは発見できない。

沖新堀の水が、竿指沼を満たしなおも注ぎつづけるとき、水は葦の原にひろがり、やがて沼の位置さえわからない状態をつくってしまう。竿指沼からあふれた水は、中才、椚、鴻の巣、砂山などの田をおびやかしつつ低いところを求めて千代窪の田のあたりにいたる。水は千代窪の下手、筒の山という、ちょっとした山の山裾にぶつかって行きづまる。このあたりにはまた、東の方、長沼から三合沼に来て一定の水位を越えた水が、例のかたびら山の北裾を通り西へと流れながら南長沼、内沼という二つの沼をつくった上で押しよせている。一口に言って、ここは二郷、木間塚などの鳴瀬川沿いの村々の前にひろがる広い湿地の水の終着点のようなものである。ここで水は自然堤の切れ目を見つけて鳴瀬川に落ちていたようである。が、ここの部分の排水は、かならずしもうまく行ってはいなかった。

水は三合沼のところで山峡から桃生郡へある程度抜け、ここ千代窪部落と筒の山の間で鳴瀬川へ抜ける。抜け口はこの二つである。前者のところにくぐり穴（潜穴）がある。三ッ谷くぐり穴というが、由来はわからない。ある時期に人手が加えられたのである。寛文期（一六六一―七三）にその名があったことはたしかである。下手の田のために手を加えたのであろう。前にものべたように、上手の湿地は下手桃生郡の諸村にとっては、用水溜地だからである。

検使というから、調べるために仙台藩から派遣された役人であろう。今村善太夫を代表者にしたその検使たちは、この湿地を中央部のあたりで二つに割って、西を遠田郡、東を桃生郡とする線を引いて戻ったらしい。

領土といった理念とはおよそ無縁な村、部落の人たちからすれば、善太夫の裁定は格別の関心を惹くものではない。侍の出入の多いこのあたりのことであれば、検使役の実地検証——たとえ実際に行なったのだとしても——にさえ気づかなかったかもしれない。また、この線をたとえ皆が知るところになったとしても、二郷の村、部落の人たちの生活実感とに大きな食いちがいはなかったろう。日常、そこまでが刈取りや排水の村仕事で出向く範囲だからである。そのあたりまでが、先祖からこの村、部落の人たちがひきついできた入会地だったろうとは、すでに述べた。

善太夫が引いた郡境は、おおむね沖新堀のあるところだったようである。検使の侍の名はどうでもよいように思えるかもしれない。しかし、この侍が仙台藩のある一派と特別に結びついていると指摘する訴えがあって一騒動となるので、あえて名を掲げたままである。

この検使の判定を不利と感じた二郷村のある遠田郡側の支藩、涌谷伊達藩主伊達安芸守宗重の目には、善太夫はたんなる公職者としての検使と受けとめがたいものを感じたのであろう。

何度ものべてきたことだが、沖新堀から東の長沼などのある湿地は、二郷村にとって関心の対象にはなっていなかった。これに対し桃生郡の下流諸村はそこを水源として重要な関心を持っていた。しかし桃生郡支配の登米《とよま》伊達式部としても、水源だけのことで、直ちに領主意識をもってここを見ることにはなるまい。一般に水源を山々に依存しているばあい、その山が幕府のものであったり、時として他藩のものであったりも

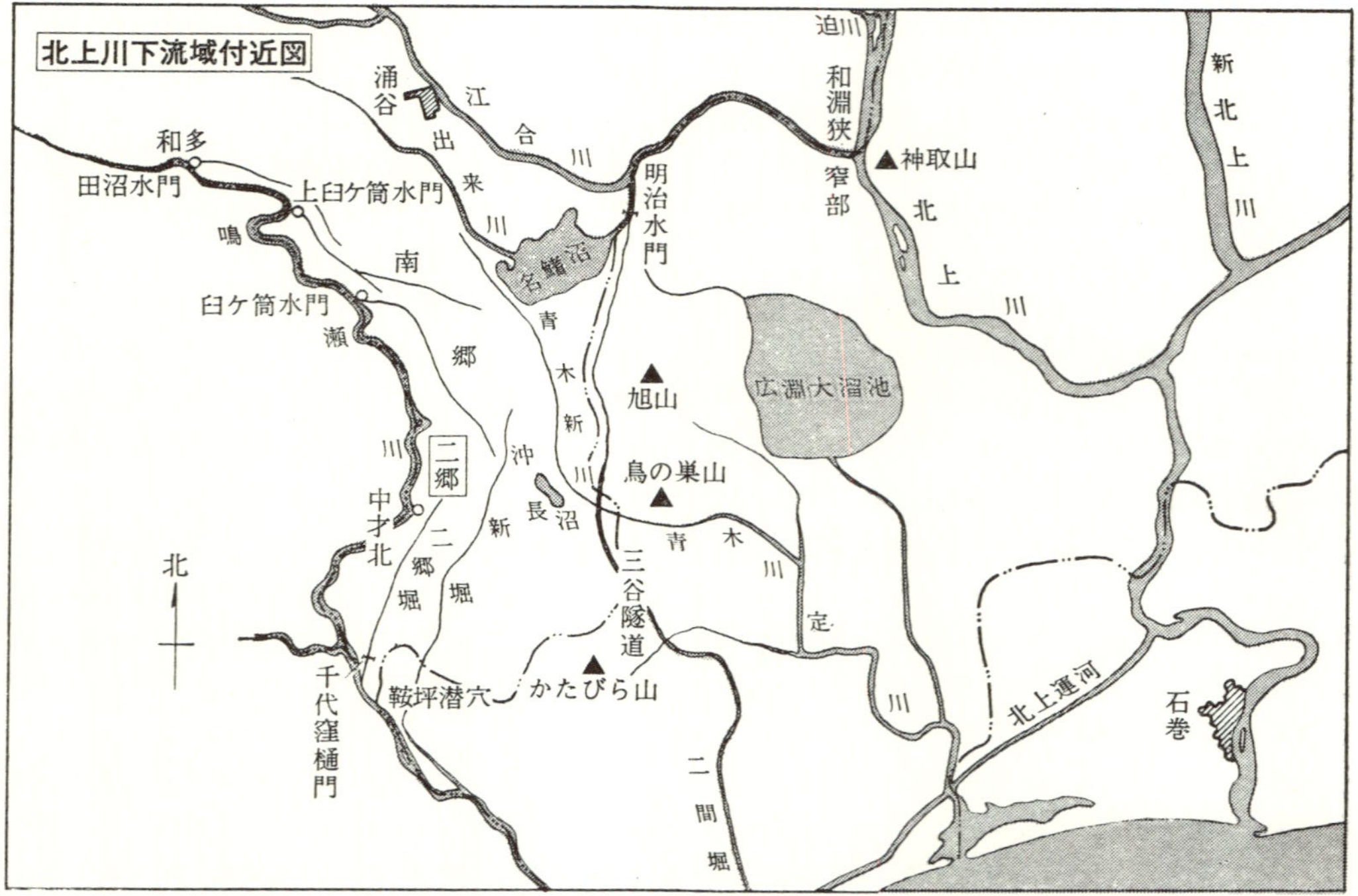
北上川下流域付近図
涌谷
江合川
出来川
和多
田沼水門
上臼ケ筒水門
鳴瀬川
南郷
臼ケ筒水門
名鰭沼
青木新川
明治水門
迫川
和渕狭
窖部
神取山
北上川
新北上川
旭山
広淵大溜池
二郷
沖
新
長沼
鳥の巣山
中才北
二郷堀
二郷堀
青木川
三谷隧道
定川
北
千代窪樋門
鞍坪潜穴
かたびら山
二間堀
北上運河
石巻

する。水の流れは領域とは無縁に展開するものである。両郡の利害不一致は、別のところにもあった。北上川をめぐる話である。

桃生郡のこの時期までの何十年かの、新田開発の勢いは、遠田郡をしのぐものがあったようである。仙台本藩直轄で行われた北上川上流の大改修は瀬替工事と言ってよい性質と規模のもので、北上平野での蛇行をおさえて流れを固定し、このあたりの様相を一変させている。おそらくどの村どの部落でも、この工事への出役をまぬがれることはなかったであろう。

もともとこの平野部での農耕の条件は悪く、山裾に密着する部落での人々の暮しは山を焼いて少々の畑とするのが精一杯というところだった。そうさせてきた荒れ放題の北上川をおとなしくさせることができたうえは、山付けの部落では、近くに田を拓けるようになるし、拓けと命ぜられれば村々の肝入、部落の組頭など、拒む理由もしだいになくなってくる。自然堤や瀬のような陸地は平場のいたるところにあり、そこに住んでいた人たち、新たに移り住んだ人たちの開田への動員がすすめられる。二郷村のある囲われた湿地とはちがい、こうした沖積デルタ地帯は、広い規模で水路を設計すれば排水の条件はよい。

だがこのあたり、北上川の豊富な水流を持ちながら、用水の取りようがない。水の取入れの困難さにおいて北上川は鳴瀬川の比ではない。

一ノ関の近くを通り、宮城県境を越して、北上川は、小さい地図で見れば直線的と言ってよいほどに真直ぐに南下する。奥羽地方全体が長い雨に見舞われるとき、上流からの真直ぐな流れは下流へと水かさを増し流速をはやめ、そのまま下流に及べばとどめようもなく大氾濫となり、桃生郡一帯平野部を水にひたし、河口石巻の港町をその濁流で難なく太平洋に押し流してしまう。

江戸にむけての南部藩の米、仙台藩の北部の米の大部分は北上川を下ってこの石巻港へ運ばれ、また他の経路での仙台藩の米もかなりここへ寄せられている。この港およびその町の周囲を水害から守ることは、両支藩の利害の範囲を越えたもので、伊達本藩および徳川幕府の重要な関心事となるのも当然である。

ところで迫川と江合川が、北上川の中流で合流するあたりは地形がせばまっている。しかもこの二つの川は人工的に接近した地点で合流させたものだともいわれている。地形の狭いところで合流しているから、増水時にこのあたりは前にもまして濁流渦巻く状態になる。水嵩はここで急激に高まり、その結果、この部分の上手では大氾濫となり、一日か二日のうちには広大な湖沼が出現する。治水関係者はこの合流部を和淵《わぶち》狭窄部と呼んでいる。つまり、もともと氾濫しやすい狭窄部に、わざわざ、二つの川を相接して合流させ、氾濫の度をはげしくして遊水池をつくり、それによって広大な下流域を洪水から守り、あわせてそこから水をひいて田をつくろうというのである。

石巻を要港の地として認識する必然性は、その和淵狭窄部かいわいに鍬をふるっていた人々にはなかったはずである。彼ら、あるいはその祖先たちは何かの事情でそこに山を焼き土を起して住みつくことになったのであろう。古代末期や中世の荘園制といわれるころのことであれば、土豪貴族などに強いられて移り住み、あたりを田畑にする作業を強いられたこともあり得る。そしておそらくは、ここから下手にひろがる北上最下流の平坦部は、その奔流の思うがままにまかせられ、安心して耕やし暮せる場所はそう多くはなかった。下は人の暮すところではない、そんな見方でさえあったかもしれない。

迫川、江合川を北上川に合流させて遊水池をつくる工事は徳川時代になってからのことである。石巻を要港と定め、住めないとされていたところを住めるようにし、耕やすことを空しいとしてきたところを耕やせるようにする。北上川の中流に手を加え、下流では堤防を築き舟着場を設け町をつくる。そのための土や石を掘る、運ぶ、山の用材を伐る、水に入って石を並べ杭を打つ、あれこれの作業に多数の労役を各地村々に課して成就したとき、中流では代々起し播いてきた地を里ごとまるまる捨てさせられ、下流には人々の往きかう港町と、稲一色におおわれた新田の村々が点在するようになる。

住めないところには住まず、住めるところにのみ住み耕やすという事態の逆転が巨大な中央の力によってもたらされる。後の歴史書などが記す「開発」がそこにある。

支配者が、大の目的のためには小を犠牲にするという強引さと同時に治水と利水との両方にまこと卓抜した能力をそなえていたことが感じられる。しかし、この妙策も、もちろん次の難問をひき起さずにはすまされない。何しろ、これだけ自然の勢いを手玉にとったのであれば、その反動はさけられまい。

この合流点から江合川を三里ほどさかのぼったあたりに、これまた水のことでは長いもめごとの歴史をもった名鰭沼がある。ふだん水面は周囲の田の面《も》と連続しているかのように同じ高さにある。この水位が大雨で嵩むと、水は直ちに沼の外にひろがり、一面の湖となって田と沼の境がわからなくなる。名鰭沼には出来川が流れ込んでいるが、貴重な水源でもあり、禍いのもとでもある。

沼の地元の人たちとしては、この沼の水位をもっと下げておけば水害はずっと少なくなる。だがそうすれば、北上川流域の村々で米が作れなくなる。争いの内容はといえば、名鰭沼の水を捨てろ、いや捨てるな、ということである。

この名鰭沼から堀を東の方に掘り割って桃生郡域内の低地に水を引き込むとそこに広大な沼ができる。できるといっても、ここにも人々の大量の出役による働きが投じられ、沼囲いを築き、水門を作りなどした上でのもので、これを広淵大溜池と名づけている。北上川の水を和淵狭窄部でおさえ、名鰭沼へ迂回させてこの広淵大溜池に引きこむという仕掛である。

かくて奔流を、たたえられた静かな水につくり変えれば、その水の使い方は自在になる。その結果、この大溜池で、三千二百町歩の田の水をまかなうことができたとされている。ただし今の地図にはあとかたもない。

この大溜池の役割を充分にはたさせるためには、いつも名鰭沼を満水にしておかなくてはならない。さて名鰭沼に来る北上川の水は、もう一つのはけ口を持っている。長沼方向である。名鰭沼に入った水があふれるほどになると、このコースにどっと水が入って来る。東の広淵大溜池の方に流せばよいようなものの、それでは広淵大溜池があふれて北上川右岸が洪水になってしまうので、その方は適当な大きさにおさえられる。桃生郡としては要る水は取るが要らない水はおことわり、遠田郡へというわけである。

かくて、北上川和渕狭窄部であふれさせた水の一部は、名鰭沼を経て二郷先の湿地にとうとうと流れ込んで来る。これに加え、三ッ谷くぐり穴のある山峡は、下流の田に必要な量だけとれるようになっている。そうなれば、たださえ溜り勝ちな遠田郡の湿地は、ときには濁流が行きどころなく巨大な渦を巻くのを黙視するよりほかになくなり、北上川改修以来事情はいよいよ悪化していく。この名鰭沼の水があふれれば必ずそれを冠るのが和田、福ケ袋、練牛、大柳、木間塚であり、そしてそれら村々のさらに下手に接して排水も思うようにいかず、一番ひどい目にあうのが二郷村であった。

一口に言って、二郷の先の五つの沼のある湿地は、桃生郡の北上川右岸にとっての遊水池なのである。五つの沼のあたりまですべてを開田の対象として射程に入れるようになっている涌谷藩としては、我慢のならないところであろう。だが、この争いの裁きは見えている。氾濫はたまのことである。広淵大溜池が涸《か》れればその水系の広範な田で田植えができなくなる。たまの氾濫くらいは我慢、という結末になる。もっとも、名鰭沼のあたりは涌谷支藩の下にあり、支藩なりの主体性の発揮もあって争いはくり返されたのではないかと思われるが、結局は、常習的に氾濫するという事情はどうにもならなかったという。

ところで桃生郡の広淵大溜池から下る幹線水路の定《じょう》川という水系では水のとどかないところがある。北上川右岸の平野が西側つまり松島方向にふくらんでいる部分である。このふくらんだ部分が、二郷村の湿地の、例の長沼、三合沼と下って三ッ谷くぐり穴の延長したあたりにある。こうなると、北上川改修成ったあと、桃生郡を統轄する者としては、この水系の確保が、北上川右岸全水田化への決め手になるわけで、ここに重大な関心を寄せる。

ここを統轄しているのは、さきほど述べた登米伊達式部である。この侍は仙台藩主伊達綱宗の兄とあるから、元来、仙台藩でも最有力者の一人である。水源の所有関係は必ずしも重要な関心事にはならないと先にのべたのだが、北上川右岸の新田化推進がむりやりにもすすめられていくなかで、領主伊達式部の、件の水源への関心は、強まらざるをえなかったであろう。見れば二郷、木間塚、練牛、福ヶ袋と、涌谷支藩は鳴瀬川を背に一列にならぶ村々に知行、給地の侍を入れ、足軽をふやして田をひろげ、その勢いは、旭山、鳥の巣山、矢返し山にむけて迫ってくるかの様子である。仙台本藩に多量の上納米を出させられた上で経済的な自立を迫られている涌谷藩が勝手不如意となっている有様は、本藩に近い地位にある伊達式部にはよく分っていよう。それだけに、その必死の新田開発は、二郷村などの湿地を覆いつくしかねないものと思われた。

ここは一つ防いでおかなければ、と考えたのであろう。沖新堀のあたりをもって境界とすると宣言し、これに涌谷藩が異をとなえれば、仙台藩を動かして目付今村善太夫を検使として派し、その境界を再確認させるという経過の由来をこのように理解することができる。涌谷の伊達安芸守は、長沼などの水系を含めて山裾までこの湿地全部を自領として主張したらしい。ずっとあとになって彼の主張が通った結果の境界線から見ればそういうことになる。

式部の方は水源地を領有化しようとし、安芸守は葦の原の入会地を領有化しようとする。式部は下流の新田開発で収入をふやし、安定しようとする。安芸守も決して葦の原を二郷村の人たちの焚き物のために確保しようということではない。村人がなんと思おうと、湿地のあたうかぎりを田にしようとの考えがあればこその安芸守の領有化意識である。

どちらにも、結局は新田を作り、百姓に稲を作らせ米の年貢をより多く得ようという点で同じ動機があり、仙台本藩の下、支藩が自立する、中世的色彩の濃い統轄方式のもつ宿命的な契機である。

だがすでに述べたように二郷の村、部落の人たちにとって、その部落や村の境は、その内側にあって、暮しと農耕を共通の場で営んでいるのだし、その境の向う側の人たちは向う側の人たちで、自分たちの村、部落を共通の暮しと農耕の場にしているというだけのことである。それが侵されないのは大切なことだが誰も侵そうなどとはしない。戦争に負ければ、前の領主からいえば領土を取られたことになるが、村、部落の人たちからすれば殿様が変わっただけのことである。

不満ながら涌谷支藩主伊達安芸守は一度は譲歩せざるを得なかったようである。寛文九年(一六六九)この件はいったん解決したといわれている。仙台藩の前藩主伊達綱宗が幕府からにわかに隠居を命ぜられたのがその九年前である。当時二歳の亀千代の後見役伊達兵部宗勝と田村右京宗良が藩政を執るのだが、兵部は藩政を独裁的に牛耳った。兵部は政宗の末子で、しかも幕府から後見役と認められているので、他の者も手出しができなかったのであろう。涌谷の安芸守は政宗の末弟にあたるが一度は伊達家の外に出たというその系累が禍いしていたのでもあろう。兵部の牛耳る仙台藩に安芸守の訴えは通ぜず、逆に相手方の式部は先代藩主綱宗の兄でもあり、伊達兵部と一脈通じる間柄でもあったとみえ、譲歩せざるを得なかったのであろう。だが藩内の紛争は一向におさまらず、寛文九年から十年へと、いっそう危機的な様相を呈していった。世に言う伊達騒動である。

安芸守が幕府に直接の訴えを起したのが寛文十年、翌十一年二月に呼び出しがあって江戸に上る。総勢二百六十人という。支藩が直接幕府に本藩の悪政の内情暴露の直訴におよぶというのは、尋常のことではない。この訴えが、自領の二郷村の湿地先の境界線を半里ほど東に移すべきだという内容のものであろうはずがない。幕府の政策の体制の中に支藩などという認識はおかれていまいし、その支藩同士の境界をどこにひくかなどは全くの内政問題にすぎない。兵部の悪政への批判の高まりの中で、安芸守はその主流派の専断に傍系として一矢を報いる機会を見たのであろう。つまり安芸守はむしろ外様的な地位から抜け出して本藩における発言権の拡大をねらったのであろう。事態は安芸守の有利のうちにすすむが、安芸守は江戸で兵部に殺され、兵部は佐渡へ島流しになり、涌谷藩主の地位は安芸守の子が嗣ぐことになった。

境界は、元禄十一年（一六九八）に旭山、鳥の巣山、矢返し山の麓のところに定められて決着がつく。寛文事件の後、およそ三十年間放置されていたことになる。寛文事件以来伊達本家の覚えよろしい涌谷藩の望みがかなえられたのであろう。

こういった領主同士の争いがあっても、五助さんにとって意味のあることがらといえば、隣近所の茂助さんや弥兵衛さん——と仮に呼んでおこう、それに部落のみんなと、肝入の桜井甚兵衛さん、それに畑と新田と沖新堀までの葦の原との関係なのである。

だが騒動決着で勢いを得た涌谷伊達藩は、一時停滞していたであろう足軽を駆使しての新田開発の推進に懸命になる。土着の百姓たちの悩みが、悲鳴となって聞えてくる時期でもある。境界線が決定したのは元禄十一年であるが、事実関係はその何年か前に進展していたにちがいない。

前に掲げた元禄九年の肝入甚兵衛からの陳情書は、これ以上新田を開けば葦や萱を刈る場所がなくなって村民は暮して行けなくなる、という叫びにも似た訴えであった。年貢米をまけてほしいという訴えについて特記されるものは見うけられないのだが、それはいわば恒常的な訴えである。年貢米のこと、あるいは不作凶作のことは、どれほど絶望的な年があっても、次の年への希望をつなぐことができるものである。この恒常的な悲鳴状態につけ加わる葦や草の給源の減少である。葦萱の刈り場が去年よりも今年と減っていけば来年にその不足の補いを得る道はない。

涌谷藩として見れば、この悲鳴を代表する訴えにふれたとき、先代安芸守の境界論争での勝利の成果がこの上なく役に立つ。兵部の悪政下で設けられた沖新堀近くの境界線は兵部の追放遠島によって事実上解消した。不足ならばもっと先まで葦萱を刈りに出よ、と答えればよい。葦刈場萱刈場が遠くなるがその距離は長沼まで行っても一里ていどなので、難問ではない。だが、そこに生える葦を刈りに行くのは水に膝までつかっての仕事になりかねないし、田がふえて排水がふえれば水位が高くなる。この悪循環は、涌谷藩の境界が東漸するほど拡大していく。

さて徳川時代も深まり藩の性格が領土的な性格から行政単位のようになってくると、藩主は領主としてではなく、藩を司るとか治めるとか、さらに嵩じて藩を守るとかいうふうに自身を作りあげる。藩民にむけても、そのように自分を見ることを求め、藩民それぞれが自分の存在を藩との関係において確認することを期待し、その期待が満たされていく。

直接間接、何らかの形で藩に寄与しあるいは幕府に貢献する学者の書物にもその方向がよくうかがわれる。もとよりそれらの書き物が、民衆のどの範囲にまで直接の影響をおよぼしたかは疑わしいが、学問の一つの形として認めてよいものに農書がある。農書の中には『会津農書』など村の中に暮す者によって記されているものも多い。佐藤信淵『草木六部耕種法』など幕府おかかえの学者によってもあらわされる。松浦宗案『清良記』など藩主により接近したところで書かれているものもある。薩摩藩による『成形図説』など藩自体が刊行したものもある。

それらの影響は民衆に近いところまでおよんでいたことであろう。近いところというのは、村々の名主、庄屋、肝入その子弟などまでのことである。そこまでいけば部落の中まで入って来そうにも思えるが、年貢米を何俵出せ、人夫役を何人出せとの命令には容易に応じる部落であっても、人と人の横の関係、自分たちと畑や山との間柄について自分たちと本質的にちがう考え方を持ち込もうとする力にたいしては、とざして容れない強さを持っている。

持ち込まれる意識とは、藩民意識、世のため、お国のためということであるが、それはつまり人と人の間柄の変更を要求することで、部落の解体を意味しそうなことである。

　書を読むような町の識者たちは、すでに部落の外にはみだしたものである。すでにはみだしているものの子や孫であったりもする。はみだして城下の町に暮したりするものは、日常、部落での人と人、人と土地の間柄の意識とは切れている。藩とか殿様とかに対する自分の位置づけを確認することによって心の安堵を得られる人になってしまっているのかもしれない。自分の位置づけと言うのは、家来としてのものでもよいし、藩民でも城下の民でもよい。御用達商人が親戚にあるとか、藩の侍の家に出入りしているとか、その家の娘に琴を教えているとか、その女房が時々呉服を見に来るとか、つまり何であってもよいが、何らかの形で藩とのつながりを感じる人たちである。そして識者ほど積極的にその意識の持主になろうとするし、その意識を人に語ろうとする。

　こうしたぐあいに、城下にある人たちが藩民となっていくのを知れば、藩主は領主としての本体つまり、土豪の心の上に藩主の衣を厚く着て見せることになり、やがて土豪の心をも失って名実ともに藩主となっていく。もはや領する支配者ではなく、認められて藩の主人になったということである。あえて言うならば廃藩置県を待つまでもなくすでに彼は藩知事である。

　そうして現代、お家騒動と言わずに寛文事件と言う知識人や、涌谷の殿様が二郷の村を命に替えて守ったと語る村の識者がいる。この藩民としての気持が現代人の中に脈々と続き、温かさとさえ感じられるのは一つの感動である。にもかかわらず、当時の二郷村の部落の人たちのこの領界争いへの関心の弱さをあえて推定しておきたいのである。

人工心肺の村

二郷村の最南端鞍坪くぐり穴にこの村の歴史の行きつくところを見る感じである。穴口は縦一丈横一丈というからゆったり三人の人が立って歩いて通ることのできるトンネルである。これが、筒の山の裾をくり抜いて八十四間、通り抜ければ鳴瀬川である。元禄十二年（一六九九）の完成だが、半年や一年でできたものではあるまい。大量の水がここに溜るからこれを掘るので、それだけに、水を排しながら、また水につかりながらのこの工事への参加者の苦労も危険このうえなかったと考えられる。

現在、この排水トンネルのすぐ隣にもう一つ同じようなトンネルがある。弘化・嘉永期（一八四四—五四）のものだが、元禄のくぐり穴が突然崩れたので新しく掘ったという。崩れたのは下流の村の人たちの仕業だという言い伝えがある。が、このくぐり穴の水は下手の村にむけて放流されているのではない。鳴瀬川に落ちているのである。

それを下手の村の人たちが壊しに来るのはなぜだろう。そのことを考えるとき、思いは、さきの、北上川改修にともなう諸水利事業に立ち返って行く。鞍坪くぐり穴を通過する水は、第一に元来ここに流れるべくあった自然の流れとしてのもの、つまり出来川→名鱒沼→長沼をへて回流してくるもの、第二に鳴瀬川の地下水が葦の原に滲み出て長沼や沖新堀の系統に流れ込むもの、第三に、北上川和淵狭窄部から江合川、名鱒沼、長沼と来る、時として大量の流れ、そして第四に、臼ヶ筒樋門から取入れて福ヶ袋、木間塚、二郷と寛文から元禄にかけての田の拡大にともなってとめどなくふえてくる排水、それら四種である。この水がこのくぐり穴で太く一本にくくられて鳴瀬川に噴出する。もちろんそういう状景は、雨の多い時などのことであろう。こういう時、鳴瀬川のほぼ同じ箇所の対岸からは、品井沼の系統の排水が多量に流れ込む。ここに起る鳴瀬川のさかまきが、下流の村の堤をこわすこともあろう。

取水の樋門を下流で設けていればこれを破壊する力を持ちもしよう。それくらいのことでもなければ、いかに他郡のものとはいえ村の百姓たちが藩士に叱咤されながら命がけで掘ったこのくぐり穴を鍬や槌をふるって打ちこわすなど、できることではない。また、たしかな証拠もないままに、下流の何村の百姓の仕業だと勘ぐるのは、二郷や木間塚の人たちが、くぐり穴から出る水の力の大きさの及ぼす影響を充分承知しているからであろう。お互い、これは仕方のないことだった。そしてこわされればまたつくる。それも、ほかに仕様のないことなのである。

鞍坪くぐり穴は明治になってまた造りなおされた。今度はセメントと煉瓦のものだから、鍬や槌ではどうにもならない。こわしに来たという話も伝わってはいない。そして、いつかここにポンプが据えつけられる。はじめは蒸気のポンプだったのだろうか、それがディーゼル・エンジンポンプになり、今では電力の揚水機がついている。鞍坪くぐり穴と呼ぶ者はもういない。鞍坪機関場である。

一気に二百年ほど跳んでしまった。そのあいだに青木沢開鑿という事件を伴う工事もある。長沼あたりの水を旭山のわきから桃生郡に抜く水路で、江戸末期のことである。明治にこの系統の水路に大がかりな手をいれて青木川という水系ができる。桃生郡では必要以上に流されてはこまるというので、この川に堰のようなものをつくってこれが上下の争いの種になる。昭和二十年代、三十年代とこれがまた問題になり、農林省が介入してコンクリートで堰の造り直しをしたりする。

上手の名鰭沼の周辺でも事件は絶えない。この二百年間に水門が幾つもつくられる。郡境の向うとこちらの争いになる。争いの調停が成り立つとそこでまた水門や水路の工事となる。そのつど双方にとって真剣な出来事なのであるが、どれも起るべくして起ったということでは鞍坪くぐり穴のばあいと同様である。明治二十三年（一八九〇）にできあがった明治水門もその一つで、七つの樋門を持った当時としては大規模なものであった。これも問題を解決するためにつくられ、それが次の問題の原因になる。

鳴瀬川の方では、明治二十年代三十年代のあいだに、和多田沼石造水門、千代窪石造水門、上臼ヶ筒石造水門、臼ヶ筒石造水門と工事はあいついで行われる。

かくて昭和に入るとまたまた、遠田郡、つまり旧涌谷藩側にとって致命的な出来事が起る。まず昭和三年に、かの広淵大溜池が埋め立てられて水田地帯になってしまう。すると、水を北上川から直接引くことになり、もう名鰭沼の水は要らなくなってしまい、その最大のはけ口が閉ざされる。北上川からの取水は昭和六年に完成する新北上川開鑿工事と和渕狭窄部の拡張工事によってまかなわれる。北上川の水をポンプでくみあげ代用水源にするという解決の仕方である。こうなってしまえば、遠田郡の方も、完全に人工的な手段に訴えて解決をしていくより仕方がない。電力である。

比較的最近に作られたこのあたりの一葉の特殊な地図が私の前にある。水利を書きあらわした地図だが、手の平のような形をした平坦部が、びっしりと黒く刷り込まれた符号で囲まれている。符号の形は大きく分ければ二種類である。水を取入れる設備と水を吐き出す設備である。もう一つの分け方でいえば、モーターとポンプで汲み上げているのとそうでないのとである。モーターとポンプは水を鳴瀬川から汲み込む、つまり、手の平の外から内に取入れるものと、川や沼に汲み出す、つまり、手の平の平坦部の囲いから外に出すものの両方で、それらが機関場である。たとえば新臼ヶ筒の機関場で汲み入れた水を一度田で使って、中才、鞍坪、千代窪などの機関場で汲み捨てるというぐあいである。

符号の一つ一つをよく見ると、有難くない水を防ぎとめたり量をおさえたりするための水門にはモーターやポンプはないが、他の大部分の設備はモーターとポンプで機能するようになっている。平坦部の下手五分の三くらいの部分が二郷村とその田畑である。そして戦後のこの地図ではもう二郷村のどこにも沼はない。

十歩歩けば、といえば大げさにすぎようが、百歩か二百歩歩けば汲入れか排水か、どちらかの水門、大土管、機関場の建物に行きあたりそうである。そのことを教えてくれる件の水利地図をじっと見ていると、Kさんの家は高玉だからこのあたりとわかる。厚くぼってりした彼の家の茅葺屋根と、主人夫婦と子供たち、それにおじいちゃんの五人の姿が見えてくる。囲炉裏を焚き続けてきたせいか、農家の建物は黒くすすけて実際の年齢よりも古く見えるものである。

「百年はたっていましょう。」

と、物知り顔に太い梁や鴨居を見あげて言ってみたのだが、実際はその半分の年月しかへてはいないと知らされたことがあった。

その夜、どしゃ降りの雨になった。小用にと勝手分らぬまま土間に降り、寝る前に奥さんが置いておいてくれた番傘をさして十歩ほど庭先の手洗いに用心深く入り込んだ。雨の音を聞きながら思ったのは、手洗いを不潔なものだとするならば、農家とは清潔なものだ、ということになる、などと。

寝巻姿で屋外に出ることなどめったにないので、こうしてする夜半の小用足しは何となく無防備で不安な感じである。だが誰の目があるわけでなし、怪盗があらわれるわけでもなかろう。寝床で温めたからだを一度冷やすのも、季節によっては悪いものではない。もっとも年寄りにはきつくもあろう。

Kさんの家が、茅葺も変えず、手洗いの場所もかえず、相変わらず囲炉裏の火で歓待してくれるさまは、何とも保守的のようでもあるが、何もかも、よく調和のとれた感じである。彼自身は、農協の組合長としての仕事が忙しくて家をどうしようなどと考えるいとまのないうちに、とり残されたようなこのたたずまいになってしまった、というふうに話す。

Kさんの家からすこし南に下ると椚屋敷の肝入桜井甚兵衛の家があったあたりである。二百年前の桜井家の構えはどんなものだったろう。すでに何代目かの肝入にふさわしく、今のKさんの家の二倍か三倍の屋敷の大きさだったろうか。うまく想像はつかないが、椚屋敷のあたりには、その時代の甚兵衛さんという人の姿が立って見える感じである。

葦の原が減っていくといううめきにも似た訴えの声を発した肝入桜井甚兵衛のときから何代を経たころからであろうか、二代あとの惣右衛門か、あるいは四代すぎての平内のときか、肝入の立場で見る、かつての葦の原の湿地は一面の田のひろがりとなり、遠く一里ほど先の長沼から三合沼の間に、ひろがる葦の原は、夏ならば淡い緑の霞のように見えるだけになっている。冬はその葦もすっかり、ていねいに刈りとられて、田の面とのちがいがわかりかねるくらいであったろう。もう葦の原が減ることにうめきを発する肝入ではあるまい。

朝早くから、降り残った雪や一面の薄氷を踏み割るようにして湿地や水路に入って、今日はこの溝を浚う、明日はあの水門の手入れ、次の日はくぐり穴の新しい工事と、肝入が見てまわれば、どこも村、部落の人たちが黒々とかたまっての泥だらけの仕事中である。冬のそのきつい仕事は毎年のことであり、その時期が来て仕事の割り振りをするとき、きまって思うにちがいない。「二郷の田はよくない。」

そしていま農協の二階の畳の部屋で、技術指導者Aさんが「ここの田は泥炭地で水はけが悪く……。」と説明をしてくれる。Aさんにとって、そして現代の村、部落の人たちにとって、そこに見える一面の田は、すでに田なのである。たとえその田は一寸掘っても泥炭地が出てくる困った田であっても、である。

しかし、寛文、元禄のころの肝入甚兵衛は、鳴瀬川の自然堤なる陸地のはしに立って、この葦の原に土をのせて田にしても、よい田にはならないし、水の問題でも行きづまる、と明らかに認識したにちがいない。そして彼の心に、いや応なしに田を作っていく過程、できていく過程が、その意味とともに強く強く焼きつく。だがその焼きつきがどれほどつよくても、四代五代あとの、徳川後期の肝入平内の網膜には残影すらとどめないことであろう。そして、それからあとの人たちの目には、田は、たんにそこにあるものとして映り、困った田だということになる。その時間の流れの突端のところにAさんがいる。

Aさんは、十年ほどつきあっているうちに青年の香りが消えて壮年の域だが、眼の光の強さがますます強く感じられる人である。

「こんどの土地改良はね、農民がつかいやすい田になるようにしなくてはならない。でなければ私は反対だね。」

国やら県やらが補助金を出して田の区画を大きくしたり、大型のトラクターでも通れるような道を作ったり、用水路や排水路を大きくしたり、コンクリートで作りなおしたり、いろいろなことをする。国や県からの話は五年も前から聞いている。それを首をかしげてどうしようかどうしようかとためらってきたのだが、とうとうやることに決心したようだ。

六十年ほどまえにこのあたりの大規模な土地改良をやった。それで地図の上に残る沼は一つもなくなってしまった。あのころは村の人たちがモッコかついでやった仕事。今のはブルドーザーでやる仕事。土地の形をもう一度変えようというわけである。ブルドーザーは赤土が出ようが礫層がむき出しになろうがおかまいなしである。何のためらいもなく地肌をはがし、斜面があれば、不合理と削って直し、隆起があって草や木がはえていれば邪魔だといってブルを突っ込む。

はえている松の木、それは真夏の草取りや中耕のあいまの昼寝の憩いの場でもあったし、田植えのさいの昼食の女たちのにぎやかなおしゃべりの場でもあった。あれが邪魔だというなら、広い田の続きのどこに腰をおろしたらよかろう。仕方がないから、広くなった農道に置いた自動車の扉全部をあけっぱなして少しは風の通るようにしてそこにもぐり込むか、薬剤撒布の機械や罐を運んできたトラックの腹の下にはいり込んで陽を避けるか、どちらも出稼ぎ先のたとえば千葉や川崎の工事現場でならったやり方かもしれない。場所柄にふさわしい休みのとり方とはいえない。

年寄りからすれば耐えられないことがたくさんある。子どものころから知っているのだから百年は越えようその松の木を、邪魔だというなら仕方もないが、せめて村のものが根まわししてそっくり掘り上げて鎮守様にでも移し、そのあとの小山をブルでこわせばよいものを、松の木をブルドーザーで倒して土と一緒にダンプカーにほうりこみ、その上に土を山盛りにしてどこかに捨てにいく。

土地改良でなく、地球のつくりかえである。これは人間にできることなのだろうか。そこまで問い返す間もなしに誰かがやってしまう。動くブルドーザーのあとさきをスコップを手に行き来する村の人たちに、せめて怪我のないようにと願うのがせいぜいのこと。この、上からのすすめ方は、甚兵衛さん五助さんの時代のような、二本ざしの侍のこわさでのおどしの手段はなく、静かである。

静かではあるがその制圧する力はやはりある。金力である。そして松の木一本の見落しもなく寸土のし残しもなく、完膚なきまでに徹底してやってくれる。もとにもどすことのならないところまで、地球を変形してしまう。

侍の時代は民を恐れさせながら、従わなければなで切りだなどと言って見せながら、湿地を拓き沼を埋めようとした。勢いはよくとも、あるところまでくれば自然の力やその姿に従わねばならず、堰をつくれば水が漏れ、水路をつくっても土の水路ならば田の水とは地下水でつながっている。威張るにしてはあちこちと手落ちの多いことであり、地球にむけて人のすることらしくもある。

が、五助さんとならんで佇む肝入桜井甚兵衛が、足下の田が東の方へとひろがり、それが葦の茂みを遠くにおしやっている様を見るその目の線のはるか先の方どこかに、近代、今日の「美田」をさらに美田にしようと動く鉄の怪物の絵文様が蜃気楼のように、しかし確実に描かれていそうである。

そしてその「美田」ができたいま、人工心肺のコンセントを悪人がぬきとる――もしもこんなことが起ったら、二郷村はどうなる。見渡す美田に水は入らず、名鰭沼から来る水は吐けず、つまり、水涸れの時ならば田は干上り、雨が多ければ下から水につかって、二日か三日で湖になろう。しかしその電気が来ないなどということはありえない。

ひと昔前にどこかの村を訪れたとき、小さな水利組合で電力料金が払えずに電源をとめられたという話を聞いた。その村では排水だけが電力だった。その組合の理事長をしている農家の主人は笑ってこう言った。なあに、電力が来なければ、水をもとの川へ戻すかわりに昔のように下の村の幹線水路に流させてもらえばよい、と。ところが、実際は昔のようにとはいかない。この村は、開田がすすむにつれ、川の取入れ口を大きくして水を昔よりもたくさんひき込んでいる。何倍もの量である。だから、排水も、二倍も三倍もふえている。雨のときに下の村にむけて流しでもすれば冠水さわぎになり、そこの部落の人たちは土嚢をかついでせきとめねばならなくなる。

あの村の水利組合の理事長さんにもそれはよくわかっていたので、やはりポンプを止められれば、心のなかでは蒼くなっていたはずである。

下流の村に水を流せなくなって排水を動力化するはなしは多い。とった水を、動力でもとの川へもどすのである。この村にこれ以上田を作れば水を使いすぎて下手の村の水が足りなくなるということもある。どちらのばあいにしても、上手の村、部落では、分家をふやしたり田をひろげたりするときに考慮しなければならないことであった。

肝入桜井甚兵衛の時代では、そこが判断の基準だったと言ってよかろう。そのものの考え方、判断のしかたは村、部落の日常の中では、今もすっかり消えてしまったわけではない。町村という範囲で見れば消えてしまったように思えても、部落の中に入ってみれば、隣の部落との間にはこの論理が基準になっていることが多いし、部落の中の家々相互のあいだについても同様である。

村、部落を少しばかり上から、あるいは斜め上位のところから見て考える立場に馴れてしまわなければならない名主、庄屋、肝入そして村長町長はそうした考え方から縁を切らなければならなかったようである。そうなってくると、他の村、部落との共存の論理を圧伏し、村を別の方向に持っていく大きな力に一役買うことになる。このとき、彼らは確実に指導者であり、指導者の名を碑として残す。

「明治何年、氏は、村地の半分をしめている荒寥たる葦と沼の湿地を開拓することを発意したれども村民容易にその説くところを肯ぜず、然しながら氏これに屈せずなお説きまわり、県知事にその協力方を求めるなどして遂にこの事業に着工するに至れり、時に明治何十何年……。」

といったぐあいに、多くの町村に見ることのできる記録である。

が、これらの地位の人たちもこうした方向での積極的な指導者になったのではあるまい。すでに用意された軌条の上をすすんでいっただけのように思われて仕方がない。いつどのようにその軌条が、となれば、すでに見たとおり徳川時代というよりほかない。歴史学の世界で通用する考え方ではないが、この開発の論理の軌条に徳川と明治の間の断絶はない。そしてその軌条を設置したのは決して村、部落の人たちやその祖先の人たち自身ではないというのに、その蹉跌のにがみを嚙みしめる立場に立ったのは彼らであった。

明治二十六年(一八九三)二月八日に始まり九日に終った三軒屋敷疎通工事は、名鰭沼の氾濫を避けるため遠田郡側が手をつけたものだが、翌十日には「桃生郡民百数十人が明治水門附近に集合し、正午ころ警官の制止を無視して実力行使に及び、改修されたばかりの三軒屋敷溝全長六〇〇間余のうち二五〇間余を埋め立てて午後三時ごろ退散した。」(前掲『南郷水利史』。以下同書より引用)「この工事を広淵大溜池用水の涸渇を企てたものとし」ての実力行使であった。桃生郡の広淵大溜池に発する定川水系の村々では、半鐘鳴らしての人集めだったのだろう。二百五十間つまり五百メートルほどの水路をあっというまに埋めつくした勢いは大変なものである。

「警官の制止を無視しての実力行使」とあるから、人人は必死の作業のあとは恐ろしさにおののいたことであろう。遠田郡の方は、その当事者「百数十名の告訴状」を郡長名で検事に提出することで応じる。二百年ほど前の伊達騒動下の「桃遠境論」をほうふつさせる。桃生郡は実力行使、遠田郡はお上に訴える。この三か月後、工事を抑えられていた青木新川に出来川を直結する水路が、夜陰に乗じた南郷村民六、七十人によって開鑿されてしまう。そこは南郷村のはずれ、名鰭沼の溢水が最後に溜るところにある。ほっかぶりで鍬や鋤を下げ、声も立てずひたひたと暗闇を木間塚あたりの宮の境内に寄り合う人々の中に、二郷村からも何人かは加わっていたかもしれない。三か月前の桃生郡の村の人たちは田の水が涸れてしまってはと勇を鼓しての集合であった。どちらの村の人たちも手に手に用意したその鍬や鋤で、他を侵そうとするのではない。どちらもただ防ごうとするだけである。

さて、大正といわれる時代の頃、少し事情が変わり、昭和になると一層事情が変わり、いまKさんの頃になって、気持がよいほどすっきりと変わりつつある。どういうふうにか。ポンプというもので水を汲み出し汲み入れることができることを知って、これを救い主とすることから事情の変化ははじまったようである。Kさんの二十歳ぐらいの頃、多分第二次大戦が終って十何年かたったころであろう。上手の村は川から水を汲み上げて、残った水を川に汲み捨てる。下手の村も川から水を汲み取って残った水を川に汲み捨てる。こういうふうにすれば、何も上下で争うことはないですよと、利口な人が来て教えて行き、ついでにそういう設備をすれば国が補助金出してくれるし、電力会社はすぐに電線を引きにきてくれるようになっている、とも教えてくれる。かくて、水は高きから低きに流れるものということをようやく忘れる時代がやってきたわけである。

何十というポンプとモーターをぐるりに纏って呼吸している二郷の村、その人工心肺の中で、幾つもある部落、何十軒の農家の人たちは、自分の部落と隣、そのまた隣の部落、自分の家の田とその隣、そのまた隣の田との間に、水は高きから低きにしか流れないという本来の論理を大事にして生きている。そこにたまらない躍動感がある。しかしそのすべてをそっくり包みあげている何十のモーター小屋、機関場は、たとえそれが何十、いや百を越そうとも、鉄塔から鉄塔にわたるわずか数本の電線に、そのエネルギーの源をゆだねている。もはや夜陰に乗じて水門を開けたり壊したりされるのを防ぐことはない。送電線を守らなければならないのは、いや、守ることができるのは、村、部落の人たちではない。もっとずっと大きな力がそれをする。

楽になったわけである。つらなる鉄塔がだんだん小さくなって山の向うに消えてしまうが、その向うには何がある。水力発電所・火力発電所……原子力発電所。

私のポケットには現金封筒が入っている。行く先は郵便局である。その宛先は、二郷村から山の間を幾つも通りぬけて反対の海、日本海に面したある町の地番である。「発電所建設反対同盟殿。」中は運動資金のカンパである。その事務局をやっている人に、知人Sさんがいるからでもあるが、彼はその町の隣の村の農家の次男坊で、東京の大学を出ると、この町に居ついて二十年近くこうした住民運動をやっている。

砂丘に砂地にむいた農作がひろがり、砂の帯の内側に砂の畑がひろがっていて、とてもよい大根がとれる。そしてその内側にひろく田がひろがっている。平坦なあちこちに部落があり、村がある。そうしたこのあたり一帯を百年二百年、静かな這うような姿で日本海の潮風から守り続けてきた黒松の防風林がある。ある日彼が上京したときに電話をしてきたのであれこれ聞いている話の中に、二万三千本の黒松が切り倒されたとあった。この一つのことで私は私なりに一定額のカンパを送ることにきめたのだった。

全く素直な気持で昔の人は偉かったもんだ、と村の人たちとその黒松林を遠く跳めながら語ったこともある。それが切り倒された状態を想像できない。否、むしろ切り払われたときの村々のむき出しのような急に明るくなったような姿が一瞬浮んできたのでこわくて想像してみることができないのである。

このあたりでは雪が下から降ると言う。降り積った雪がシベリヤおろしに吹きあげられて唇や鼻や耳の穴にはりついてくるようで、それに耐えて村の道を歩いているると息が出来なくなりそうになることがある。Sさんは立ちすくむ私を見て大声でどなっていた。

「どうだ、一度こういう思いをな、おまえさんにさせてやりたかったんだ。」

あの防風林があってさえそういうぐあいである。二万三千本のどの一本も、したたかに育ったとわかるごつごつとくねった幹の黒松、それが防風林全体の何割くらいにあたるかはしらないが、正直、絶句と言うに値する数字である。

烈風は存分に雪を吹きあげて、雪が地に溜るいとまも与えないほどである。夏は潮のまざったしめっぽい砂のあらしを容赦なく村々にお見舞いすることであろう。畑は表土を飛ばされ、田は塩分がふえ……。そして、そのときの電話にこんな会話もあった。

「俺たち勝てやしないよ。」

「なぜだ。」

「だって、インディアンうそつかない、白人うそつく、だもんな。」

「それでよい。」

一面のひろがりの田のぐるりを電動ポンプの黒点でかためた二郷村の地図を、ながいこと見つめているうちに、それらのことが一度に頭に浮んでくる。なぜなのか。その答のいろいろが、頭のなかで混線している。

どれがほんとうなのかわからない。電源のために多くを失うことを拒む村、部落の人たち、電力の中で稲を植え生きる村、部落の人たち、という対比が念頭に浮んでのことか。だが、そんな直接の対比をしてしまってよいのだろうか。間には幾つもの中間項があって、どれ一つをとってみても、村、部落の人たちとは異質の空気を呼吸する別の世界の人たちによって組み立てられているのだということをうっかり忘れてしまいそうである。Sさんらがその裁判に勝てないと直感するその感度のよさが、自分とは別の世界の人を「白人」に擬した一言にうかがえるし、その直感のままに闘うこの人たちの、事柄の真髄ののみこみ方に驚くのである。黒松の村、部落の人たちと、二郷村の部落の人たちを対置させることは、何の意味もないことなのである。

Sさんらが発行している菊判のパンフレットに、村をふみにじって建てる鉄塔の送電線が宮城県に行っている、自分らの村でこの電気がつかわれるのではない、という訴えの一言があって、ではその電気が二郷村を生かしている排水ポンプをまわすことになるかもしれない、とふと思ったことがある。だが、たとえ事実がそうなったとしても、「発電建設」に反対するSさんが、二郷の村、部落をカバーしている人工心肺のコンセントを抜こうとしていることになりはしないかと考えるのも同じ短絡の誤りということである。コンセントはSさんの手のとどかないところで、別の世界の人たちの手もとにあるのだからである。Sさんはそれを知っているから、勝てないことにも自信があり、闘うことの意味にも自信が持てるのであろう。

Sさんは K さんの親しい友人でもある。だから K さんは同じころ、あるいは私よりも早く、同じ宛名の現金封筒をポケットにしのばせて、自転車を駆って郵便局に向ったにちがいない。そこに何の矛盾もないわけである。

一九七七年一月稿

守田志郎著作案内

この案内は故・守田志郎氏の一九六七年以降の著作を刊行順に紹介したものです。全点、農文協・人間選書に収められています。――編集部

むらがあって農協がある（一九六七年、家の光協会発行の『村落社会と農協』を改題し、一九九四年、農文協より復刊。川本彰解説）

「部落ほど自分たちで自分たちを守って、そして他人に迷惑をかけずに長くやってきた団体を、ほかにあげることができるだろうか」「協の字はいかにも理念的だ。力を三つ合わせているあたりはえらく意識したものを感じさせられる。」「部落の共同関係はそのような人為的なものではない」――こんな言葉が随所に出てくる本書は、次に紹介する『農業は農業である』のすこし前に書かれたもので、「むら」について経済学や社会学という既存のメガネからでなく、事実に基づいて読者とともに考えを進めていく本。「部落を遺制と扱う歴史的見方を払拭し、『日本の村』において守田部落論を完成させる」（川本氏解説）土台となった作品です。

農業は農業である（一九七一年、農文協。室田武解説）

発行後四半世紀以上たちますが、いまでも新しい読者が生まれるロングセラーです。ヨーロッパ農業視察旅行に出た著者が、近代農業の先輩のように見られた彼の地の農業に、土にどっしりと根を下した自然とともにある人間の暮らしそのものを発見する感動が、そのまま日本の農業を考える思索となり、結局農業は農業であって工業ではないし、なにかの役割を受けもつシステムの歯車の一つでもない、農業は暮らしだという結論に達します。室田武氏はこの本を「農学の古典」と呼びました。

農法―豊かな農業への接近（一九七二年、農文協。中岡哲郎解説）

『農業は農業である』で述べられた基本的な考え方を農家の田畑や畜舎という具体的な場面に即して考察を進めた本。

「農業は農業である」と著者がいうとき、その意味はまず農業は工業ではないという意味であり、さらに農業は産業ではないという意味があります。農業は、暮らしです。だから工業的な手法や産業的な観点からする農業への指導や誘導には拒絶をもって臨もうと訴え、そのために、農業技術を近代技術としてでなく「農法」として考えようというわけです。農法とは、農家の暮らしの中ではぐくまれ、「ふと気がついてみれば、そこに変化があった、というようなもの」で、そういう変化は「決してあとへは戻らないし、破壊的なマイナスをもたらしたりもしない」。強いて言えばそれが「農業における農業的進歩」なのだと著者はいいます。

「食膳を豊かに、農法はそこからはじまる」など、平易な語り口調で書かれた本書は、身体にあわせた農法で産直や朝市に元気に取り組む女性や高齢者農業の方々の自信を深めてくれる一冊です。解説の中岡哲郎氏は守田氏を「常識の体系に楔を打ちこんだ思想家」と呼びました。

日本の村—小さい部落—（一九七三年、朝日新聞社より『小さい部落』として発行。のち『日本の村』と改題したものを二〇〇三年、農文協より復刊。鶴見俊輔解説。農政調査委員会『部落』一九七二年を再編成したもの）

『農業は農業である』になぞらえていえば「むらはむらである」とでもいうべき本。むつかしいといえばむつかしいが、読みごたえのある本で、ほんとうに、著者といっしょに一つ一つ階段をのぼりつめていく感じです。「部落を、生きている化石として見る迷妄にとざされている間の私は、いくたび部落を訪れてみても、部落についての何事も知ることはできなかったように思う。そして、ようやく筆をとることができるようになったとき、どうやら私は農業史の研究者としての自分を捨てることができたようにも思う」。「日本における、市民と自負する私達の背広はしだいに色褪せはじめ、その足は大地から離れて、いとも頼りなげに遊離するかに見えてくる」「私を含めて都市に住んでいるものが市民」で、「日々そこで暮し、米や野菜や牛乳や卵や蚕を生産している農家の人達は……市民になりそこねたのろまとでもいうことになるのだろうか」。日本での部落にかんする常識に「大きなまちがい」を感じ始めた、著者の思索の大きさが胸を打ちます。疲れた「市民」が、農的暮らしの原理に心身の癒しのすべを見出そうとし始めたいま、本家本元の農家の方々が、むらの真骨頂を再発見するためにおすすめします。むらがむらであり続け、都市と融合するのではなく連携するために。

農家と語る農業論（一九七四年、農文協。玉真之介解説）

歴史と経済学を捨て、農家農村の真実を発見しようと努めてきた著者の、これはいはば「守田農学概論」です。農業生産力論、農地所有論、商業資本と農家、むらの歴史、農法的思考などをめぐって農家との連続講習会で講義した記録であり、農業農村の全体像を農民の眼で把握しなおすのに最適のテキスト。読みやすい本です。この本で、たくさんの守田ファンが生まれました。

むらの生活誌（一九七五年、中央公論社発行の『村の生活誌』を改題し一九九四年、農文協より復刊。内山節解説）

主として東北地方のさまざまな農家を訪れ、労働と健康のこと、食生活のこと、若者と年寄り、山と里、水をめぐってなどを聞き書きした生活誌。別に意識してではなく、「生きている農村のなかで本物の農民として生きつづける」農民とその生活のなかに「何よりも確実な……近代批判の時空」を発見、共有する――と内山節氏は解説します。著者は〝二日半ぶっとおし〟の講習会を農家の人々と毎年つづけました。その会に出席した農家を訪ねた記録です。物質的な豊かさとこころの豊かさが一体になっている農村の暮らしのあり方がよくわかります。

二宮尊徳（一九七五年、朝日新聞社。のち二〇〇三年、農文協より復刊。大藤修解説）
農民の出でありながら農耕について一切語らず、百姓を貨幣の動きのなかに引き入れ豊かにしようと必死に働いた尊徳を、現代日本が追い込まれ、あるいは私たち自らが招いた独特の経済社会の先駆的体現者として描きあげた著者唯一の評伝書。客観主義を排し、尊徳に「私のなかにあって、他の半身といつも相克の間柄にあるもう一つの半身」を見、著者自身の葛藤を抱きながら著述した本です。

小農はなぜ強いか（一九七五年、農文協。徳永光俊解説）
小さいことの意味、農の延長〝兼業〟、土は作物がつくる、自然農法という誤解、畑作にきく稲のこと、部落を通して自然に対す、など主として『現代農業』に書き続けてきた著者の農法論とむら論のその後の展開を収録した本です。「小農世界の静かな息づかい」と時代に翻弄されない強靭さとその根拠を明確に浮き彫りにしています。著者は技術者ではありません。しかしというか、だからというか、この本はじつにうがった現代農業技術批判の書となっています。「がんらい堆肥の作り方などというものはない。堆肥とは空気のようなもので、呼吸の仕方を知らない人はいない。だが一方で深呼吸をしたりヨガの呼吸法があったりする。それに似ている」というような意表をつく論の立て方がいっぱいあるおもしろい本です。

農業にとって技術とはなにか（一九七六年、東洋経済新報社。のち一九九四年、農文協より復刊。徳永光俊解説）

先にあげた『農法』で「技術は進んでも、農法は進むとは限らない」とした著者が、両者の相違を追究した生前最後の作品。農耕が農業に、農法が技術にゆがめられる過程を、時には奈良時代までさかのぼって深く考究した、技術そのものの概念内容に変更を迫る労作。いまの機械化農業にふと〝どこかおかしい〟と感じる方には必読の本です。

農業にとって進歩とは（一九七八年、農文協。西尾敏彦解説）

生前著者が『現代農業』に寄稿した論文や農文協主催の講習会で講義した記録のなかから農業資材に関して述べているものを収録。品種、肥料、機械など諸々の資材が、農家の農耕の自由にいかに作用するかという観点から洞察。『農業にとって技術とはなにか』の論点をより現場に即して解析した本。

文化の転回（本書。一九七八年、朝日新聞社。のち二〇〇三年、農文協より復刊。中岡哲郎解説）

晩年の代表的エッセイのほか遺稿「登呂」「ある農村の歴史」を収録。登呂遺跡を訪ね、海に近すぎる不思議を感知し、多くの発掘記録や論説を一つ一つ解読しながら、最後の結論「田んぼは権力によって造られた」に達する筆の運びは、あたかも推理小説を読むような興奮を読者に与えます。

対話学習　日本の農耕（一九七九年、農文協。原田津解説）

講習会で著者が講義し、それをめぐって農家が討論する、その両方を収録しました。社会制度史に付随した農業史ではなく、庶民の暮らしと自然との関わりあいを土台にした新しい日本農業史の骨格がみえる本です。農家の討論も貴重な記録になっています。

学問の方法（一九八〇年、農文協）

自らの学問を、金、銀、銅のいずれでもない「鉛の社会学」と規定することで状況と学問を関わらせる新たな方法を見出そうとした晩年の論考集。本書によって読者は、著者がなぜ既存の学問を捨てなければならなかったのか、「鉛の」学問を、文字を書かなかった庶民と同じ感性で物事を見る見方を、守田さんがいかにして追究してきたかを知り、学問の本当のきびしさを感じとるでしょう。

本書は一九七八年、朝日新聞社より刊行された

守田志郎（もりた　しろう）

1924　シドニーに生まれる

1943　成城学園成城高等学校卒業

1946　東京大学農学部農業経済学科卒業

1946〜1950　農林技官

1954　東京大学農学部農業経済学科大学院修了

1952〜1968　財団法人協同組合経営研究所研究員

1968〜1972　暁星商業短期大学教授

1972〜　名城大学商学部教授

1977.9.6　歿

文化の転回―暮しの中からの思索―　人間選書249

2003年2月28日　第1刷発行

著者　守田志郎

発行所　社団法人　農山漁村文化協会

郵便番号　107-8668　東京都港区赤坂7丁目6-1

電話　(03)3585-1141（営業）(03)3585-1145（編集）

FAX(03)3589-1387　振替　00120-3-144478

ISBN 4-540-02219-9

（検印廃止）

Printed in Japan

印刷／藤原印刷

製本／根本製本

定価はカバーに表示

乱丁・落丁本はお取り替えいたします。

人間選書より

〈食と農業〉

7 日本民族の自立と食生活　農文協文化部編　1050円
34 百姓入門記　小松恒夫著　1200円
52 日本の自然と農業　山根一郎著　1050円
53 農業にとって土とは何か　山根一郎・大向信平著　1050円
54 農薬なき農業は可能か　大串龍一著　1050円
55 有機農法　自然循環とよみがえる生命　J・I・ロデイル著／一楽照雄訳　1950円
57 農業にとって生産力の発展とは何か　椎名重明著　1050円
59 水田軽視は農業を亡ぼす　吉田武彦著　1050円
60 戦後日本農業の変貌　成りゆきの30年　農文協文化部編　1050円
62 農学の思想　技術論の原点を問う　津野幸人著　840円
73 管理される野菜　商品流通と品質主義　農文協文化部編　1260円

90 魚　21世紀へのプログラム　河井智康著　1300円
91 百億人を養えるか　21世紀の食料問題　ジョゼフ・クラッツマン著／小倉武一訳　1260円
94 青年が村を変える　玉川村の自己形成史　池上昭編　1260円
97 日本農業は活き残れるか(上)　歴史的接近　小倉武一著　1365円
100 農文協の「農業白書」　食と農の変貌　農文協文化部著　1260円
107 台所ともだち　鍋・釜・七輪・まな板・包丁・すり鉢・飯台　村上昭子著　1365円
111 日本農業は活き残れるか(中)　国際的接近　小倉武一著　1575円
116 日本農業は活き残れるか(下)　異端的接近　小倉武一著　1680円
134 食卓のパロディー　アンチ・グルメの辞典　山路健著　1370円
139 東西の食文化　日本のまんなかの村から考える　大石貞男著　1680円
147 ニッポン劣等食文化　「つくる」と「たべる」の間　山路健著　1377円
156 小農本論　だれが地球を守ったか　津野幸人著　1631円

(価格は税込み。改定の場合もございます。)